广东省科技创新战略专项资金项目“广东科学中心
加强科普能力建设提升公益服务水平”
（编号：2017A070701004）资助出版

好玩的科技馆丛书

改变世界的实验

——实验与发现馆

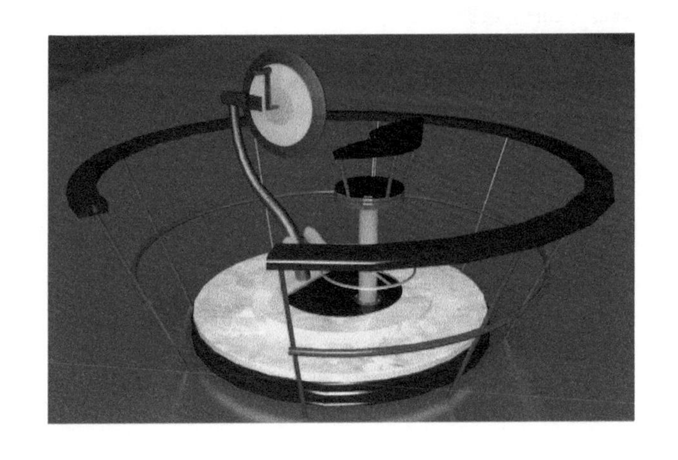

广东科学中心　编著

科学出版社
北京

内 容 简 介

本书选取了一些具有纪念意义、标志性的科学发现，并介绍科学发现的历史过程和实际应用，让观众身临其境地体验那些对人们的生产和生活有着深远影响的科学实验。正是这些实验的设计者以最精巧的实验构思、最简单的实验装置发现了最基本的科学概念和科学定律。这些实验涵盖力学、电磁学、光学和生命科学等学科领域。

本书适合广大青少年、科学爱好者及大众读者阅读。

图书在版编目（CIP）数据

改变世界的实验：实验与发现馆 / 广东科学中心编著．—北京：科学出版社，2021. 6

（好玩的科技馆丛书）

ISBN 978-7-03-068499-8

Ⅰ．①改…　Ⅱ．①广…　Ⅲ．①科学实验—普及读物　Ⅳ．① N33-49

中国版本图书馆 CIP 数据核字 (2021) 第 056042 号

责任编辑：郭勇斌　彭婧煜 / 责任校对：杜子昂

责任印制：张　伟 / 封面设计：黄华斌

科学出版社 出版

北京东黄城根北街 16 号

邮政编码：100717

http://www.sciencep.com

北京建宏印刷有限公司 印刷

科学出版社发行　各地新华书店经销

*

2021年 6月第　一　版　开本：720 × 1000　1/16

2022年11月第三次印刷　印张：6 1/4

字数：80 000

定价：69.00元

（如有印装质量问题，我社负责调换）

“好玩的科技馆丛书”
编委会

前　言

科学的诞生和发展，往往伴随着各种现象、规律的发现。科学史其实就是一部发现史，与此同时，科学新发现也在促进科学的发展，二者是相互作用、互相依存的关系。其中，实验是一种重要的发现方法。意大利物理学家伽利略认为自然科学本身就是实验科学，并主张用实验科学的知识来武装人们。他将实验与逻辑推演相结合，创新了物理实验方法，也为我们提供了思维借鉴，为近代自然科学的发展开辟了广阔的前景。正如培根所言：“凡是希望对于在现象背后的真理得到毫无怀疑的快乐的人，就必须知道如何使自己献身于实验。”

广东科学中心实验与发现馆选取了一些具有纪念意义、标志性的科学发现，让观众身临其境地体验那些对人们的生产和生活有着深远影响的科学实验，正是这些实验的设计者以最精巧的实验构思、最简单的实验装置发现了最基本的科学概念和科学定律。本书翔实地介绍了这些科学发现的历史过程和实际应用。本书在编写过程中参考了大量语言通俗易懂、内容科学丰富的文献资料，在此一并表示衷心感谢！若有未标注出处等疏漏之处恳请谅解，并请与编者联系。

希望本书能对青少年了解自然科学，激发自身思考及动手能力起到积极的引导作用。

目 录

实验
实验

第一章

力学实验

尽管我们看不见，但是我们无时无刻不在受到力的作用。力学与我们的生活息息相关，人类对力学现象的关注和运用历史十分悠久。古人们很早就懂得运用杠杆、滑轮、斜面等工具从事生产劳动。力学之父——古希腊的阿基米德有句流传甚广的名言，“给我一个支点，我就能撬起整个地球”，这其实是杠杆原理的体现。阿基米德进而提出了静力学的基本原理，初步奠定了静力学的基础。而成书于春秋战国时期的《墨经》里也记载了许多力学知识。无论是东方还是西方，人们在对自然现象的观察和生产劳动中提炼、总结了力学知识。虽然这些力学知识未能形成体系，但是它们奠定了力学发展的基础。

16 世纪后，在航海、生产等现实需要的推动下，力学研究开始形成体系。尤其是对天体的研究得到快速发展，哥白尼的“日心说”、开普勒的行星运动三大定律促进了天文学的发展。16 ～ 17 世纪，以伽利略为代表的物理学家通过多次实验总结出了落体定律。随后，牛顿在综合天体的运动规律和地面实验研究成果的基础上，提出了牛顿三大律和万有引力定律。伯努利、拉格朗日、达朗贝尔等在牛顿力学的基础上进一步探究，并发展形成了流体力学、弹性力学和分析力学等分支学科。18 世纪时，力学已经成为当时自然科学中的领先学科，较为成熟。

如何证明地球在自转?

古时候，人们从对日、月运行的观察中了解了一些简单的运动规律。但是由于缺乏足够的观察工具，古人认为地球是宇宙的中心，“地心说”在当时被广泛接受并且成为神圣不可侵犯的真理。随着天文观测精确度的提高，“地心说”逐渐露出破绽。文艺复兴时期的波兰天文学家哥白尼有一天突发奇想，如果地球是运行着的，那么在一颗运行着的行星上观察其他行星的运行会是什么样的?接下来很长的一段时间里，哥白尼坚持在不同的时间、地球上不同位置观察行星，他发现每一颗行星上在不同的观察条件下运行情况都不相同，由此他意识到地球并非位于宇宙的中心，如果地球不是宇宙的中心，那么宇宙的中心就是太阳。哥白尼的“日心说”提出以后，地球自转逐渐被人们接受。尽管我们现在都知道地球处于自转的状态，但是要如何才能证明地球是真的在自转?

法国的物理学家傅科通过一个简单的实验证明了地球自转的事实。他设想，若地球在自转，那么除赤道以外的地方，单摆的振动面会发生旋转的现象，他根据这个设想设计了一个实验。1851 年，他在巴黎先贤祠的大厅里展示了这个实验。傅科在大厅的穹顶上悬挂了一条长达 67 米的绳索，之所以要选择这么长的绳索是因为地球转动的速度较慢，较长的摆线有助于显示出轨迹的差异。在绳索的下方挂有一个重达 28 千克的摆锤。选择这么重的摆锤是为了尽可能降低空气阻力的影响。除此之外，还要尽可能减小悬挂点的摩擦力，且悬挂摆线的地方必须允许摆线在任意方向运动。在摆锤下方设有一个巨大的沙盘，用来记录摆锤的运动轨迹。

按照惯性定律，摆锤在没有受到其他外力作用的情况下，摆动方向不会发生变化，因此摆锤会在沙盘上面画出唯一一条轨迹。实验当天，大厅聚集了非常多围观的人，他们惊奇地发现，摆锤一开始在自己眼前，荡回去后经过一段时间竟离自己越来越远。每经过一个周期（周期为 16.5 秒），沙盘上的轨迹都有所偏离，摆尖相邻两次在沙盘边沿所画出的轨迹相距约 3 毫米，每小时偏转 11°20′。许多人对此感到非常震惊，甚至发出了“地球真的是在转动啊”的感叹。

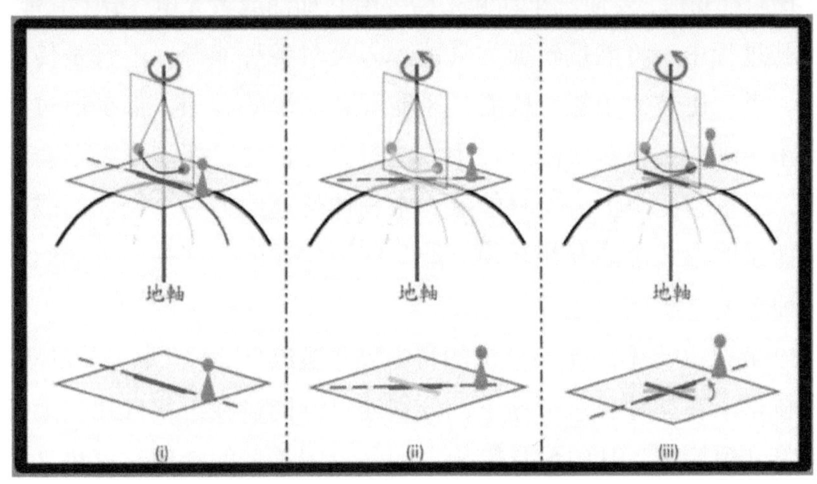

在这个实验中，摆锤并没有受到外力作用，但是摆动方向发生了变化，这种变化是摆锤所在的地球沿着逆时针方向转动的结果，因此证明了地球在自转。后来傅科又在不同地点进行了同样的实验，他发现不同地点的旋转周期不同，而且南北半球的观察者看到的旋转方向也不同，北半球的观察者可以看到，摆锤的平面沿顺时针方向转动，因此说明地球呈逆时针方向自转。

更多傅科摆实验内容，
请扫右侧二维码观看

永动机可以制成吗？

虽然我们不曾见过真正意义上的永动机，但是我们对它并不感到陌生。曾经在很长的一段时间里，永动机受到了热烈的讨论。许多人试图制造出这种机械，达·芬奇也曾做过此尝试。但遗憾的是，他们的尝试无一不以失败告终。永动机之所以不可能实现，是因为它违反了自然界最普遍的一个规律——能量守恒定律。

我们都知道，要使汽车动起来需要给它加油或者充电，给予它能量，在行驶过程中，将能量转换为动能。人类对各种能源，不管是传统的石油、煤，还是太阳能、核能、风能等新能源的利用，都是通过能量转换来实现的。在转换的过程中，能量是守恒的，即能量既不会凭空产生，也不会凭空消失，只能从一个物体传递给另一个物体，或者在不同能量的形式之间互相转换。能量守恒定律的发现是一种偶然，也是一种必然。

19 世纪 40 年代前后，欧洲的科学界普遍流行一种“联系”的观点。许多科学家在这种思想指导下，分别通过不同途径，各自独立地发现了能量守恒原理。其中最具影响力的是英国著名的物理学家焦耳。焦耳 16 岁时得到了著名科学家道尔顿教授的指导，这极大地激励了他的学习兴趣。当时电机刚出现，他便观察到了电机和电路中的发热现象。1843 年，焦耳进行了感应电流产生的热效应和电解时热效应的实验，通过实验得出了结论："自然界的能量是不能消灭的，哪里消耗了机械能，总能得到相应的热，热只是能量的一种形式。"而后他在实验中领悟到热和机械功之间可以互相转换，并且他相信这种转换存在一定的当量关系。为了说明这种转换关系，他先后进行了 400 多次实验，以精确的数据为能量守恒定律提供了实验证明。

能量轨道实验很好地展示了能量守恒定律。小球在光滑轨道运动过程中动能和势能相互转换，总能量保持不变。

更多能量轨道实验内容，
请扫右侧二维码观看

共振现象

弹簧在我们的生活中随处可见，当我们在弹簧末端挂上一个质量为 m 的物块，并将弹簧悬挂起来时，就构成了一个弹簧摆。当弹簧的长度 l、物块质量 m、弹簧刚度系数 k（表示弹簧伸长或压缩产生单位变形量所需载荷的大小）相适合时，在垂直方向拉一下弹簧摆，就会发现一个有趣的现象：弹簧一开始作竖直方向的来回振动，然后它的振幅开始会逐渐减小，并同时左右摆动，且摆动幅度越来越大，从振动转变为摆动。随后，摆动又转换成振动，反复变换。

为什么弹簧摆会出现如此神奇的运动轨迹呢？原来，摆长 l、物块质量 m、刚度系数 k 成一定比例时，可以使得摆动周期与振子振荡周期

更多弹簧摆实验内容，
请扫右侧二维码观看

相等。振子振动时的能量能够在振动和摆动之间转换。物块 m 既是弹簧的振子，又是摆的摆锤。当物块开始振动时，能量会通过弹簧的张力转换为振动，直到振动的能量全部传递完，反之亦然。弹簧在其中起到了能量转换缓冲器的作用。“弹簧摆”看似神奇的摆动现象体现了共振中产生的能量间的转换。

共振摆秋千由固定支架、悬挂支架，以及分别装置于悬挂支架两端的秋千和单摆构成。单摆的频率取决于摆长，与摆的重量无关。秋千系统的重心高度与对面球摆的重心高度大致相同，即秋千系统的摆长与对面球摆的摆长基本相等，故二者的固有频率基本一致。当前后驱

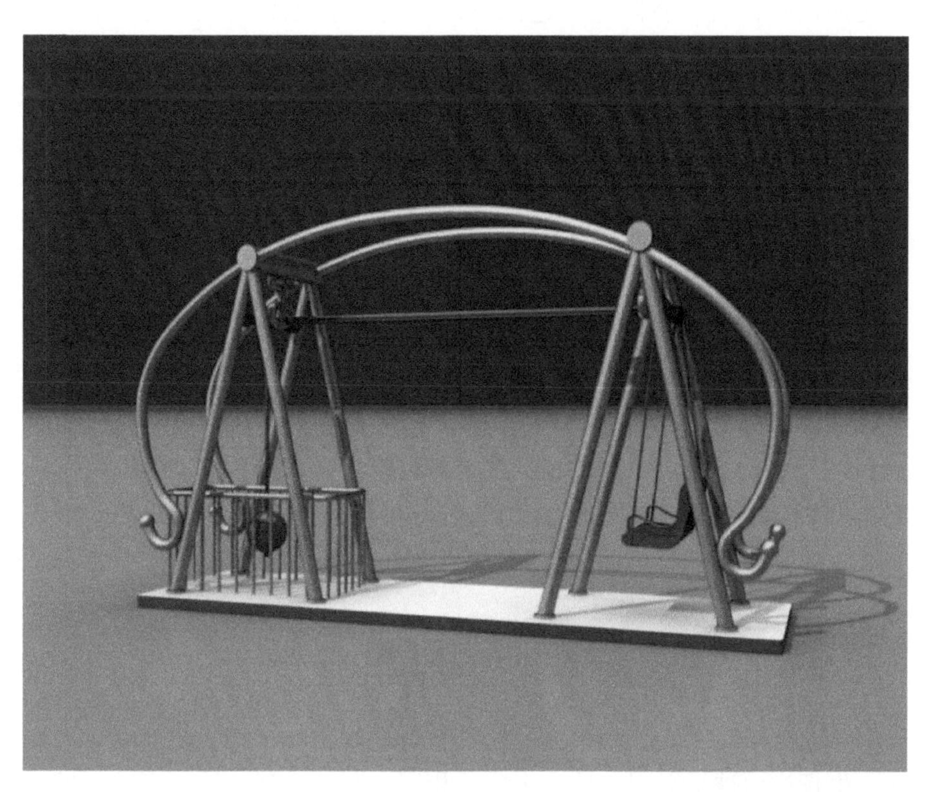

更多共振摆秋千实验内容，
请扫右侧二维码观看

动秋千时，由于二者固有频率基本一致，产生共振现象，所以球摆会以非常大的振幅摆动。

物理学上将共振定义为两个振动频率相同的物体，当一个发生振动时，引起另一个物体振动的现象。在声学中，共振也称“共鸣”，指的是物体因共振而发声的现象。弹性是产生共振的重要条件之一，宇宙中的大多数物质都是有弹性的，共振现象是宇宙间最普遍和最频繁的自然现象之一。

对于共振的运用古已有之。早在战国初期，人们就发明了用来侦察敌情的共鸣器。《墨子·备穴》中就有记载，通过在城墙根下每隔一定距离挖深坑，将陶瓮放进深坑，在瓮口蒙上皮革，形成一个共鸣器。当敌人挖地道或者靠近城墙时，便能在陶瓮上感受到动静。据相关记载，晋代就有人正确认识并解释了共鸣现象，并且提出了防止共振的最好方法为设法改变物体的固有频率，使其与外物作用的频率产生差异。

伴随着科学技术的发展和人们对共振现象了解的深入，对共振的运用更为广泛和深入。在通信、电视、广播等方面都充分运用了共振，我们现在使用很频繁的微波炉也是对共振的利用。其原理是，食物中水分子的振动频率与微波大致相同，使用微波炉加热食品时，在微波炉内产生很强的振荡电磁场，迫使食物中的水分子振动，产生共振，将电磁辐射能转化为热能，食物的温度得以迅速升高。在此技术下，食物可以被快速、便利地加热。

动量守恒定律

牛顿摆由被吊绳固定的 5 个质量相同、紧密排列的球体组成。虽然称之为牛顿摆，但它并不是牛顿发明的，而是由法国物理学家埃德姆·马略特（Edme Mariotte）于 1676 年提出的。

将两组摆球最外侧的一个钢球都拉到相同高度后放下。两组摆球的运动状况为什么不同？这是因为，当牛顿摆（纯钢球组）一边的小钢球拉起、放下后，得到的动量和能量通过完全弹性碰撞逐一传递到并排悬挂的 4 个小钢球上，遵守动量守恒和动能守恒，另一边最外侧的钢球无法将动量继续传递，就会被弹出，弹出高度与拉起钢球的高度基本一致。对照组中，中间球为塑料球，钢球与它碰撞，塑料球会发生形变，为非完全弹性碰撞，碰撞过程中会有动能损失，即动能不守恒，故另一边最外侧的钢球弹出高度减小。

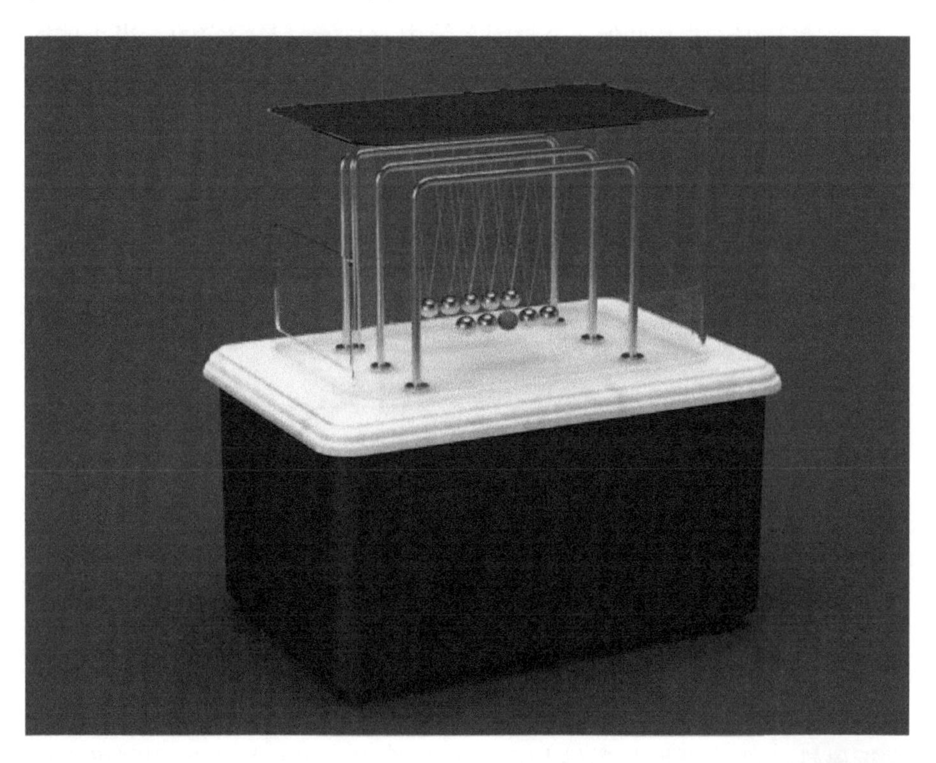

更多牛顿摆实验内容，
请扫右侧二维码观看

动量守恒定律表明在一个封闭系统中，给定方向的动量是恒定的。当小球从右向左撞击另一个小球时，它的动量（动量是矢量）也以从右向左的方向运动。没有受到外力作用的情况下，小球的运动方向将不会发生变化，它的动量也不会发生变化。事实上，牛顿摆不是一个严格意义上的封闭系统，金属球同时受到重力的作用，因此会使小球弹开的速度减缓，直至停止。当最后一个球无法继续传递动量与能量，它就被弹开。当它运动到最高点时，它只蕴含势能，而动能减少到零，重力使它向下运动，循环再次开始。

能量守恒定律表明在一个封闭系统中，总能量是恒定的。当小球撞击另一个小球时，它的能量就传递给了这个小球。在理想状态中，金属球能够永远运动下去。但是由于空气阻力和小球本身摩擦力等的存在，碰撞后的动能与碰撞前的相比会有损失。但根据能量守恒定律，总能量保持不变。由于球的变形，组成球的分子间将动能转化为热能。

信鸽为什么不会迷路?

磁铁的成分是铁、钴、镍等原子，其原子的内部结构比较特殊，本身就具有磁矩。磁铁能够产生磁场，具有吸引铁磁性物质如铁、镍、钴等金属的特性。当磁摆靠近闭合导体线圈时，根据电磁感应定律，线圈产生感应电流，感应电流产生的磁场与磁铁极性相同，产生斥力，阻碍磁铁的靠近；当磁铁远离线圈时，感应电流产生的磁场与磁铁极性相反，产生引力，阻碍磁铁的远离。当磁摆靠近铁块时，铁块被磁铁磁化，靠近磁铁的部分极性与磁铁相反，互相吸引。当磁摆靠近相同极性的磁铁时，磁摆会被排斥；当磁摆靠近相反极性的磁铁时，磁摆会被吸引。当磁摆靠近非金属材料时，如陶瓷、塑料等，非金属材料不会被磁化，对磁摆没有影响。

更多“摇摆的磁铁”实验内容，
请扫右侧二维码观看

从 18 世纪人造磁铁的出现开始，磁铁逐渐成为我们生产和生活中随处可见的材料了。发电机、电话、电视等电器都需要用到磁性材料。飞鸽传书之所以能够实现也是因为鸽子对地球的磁场很敏感，它们可以利用地球磁场的变化确定飞行方向，找到自己的家。但是万一鸽子飞过一些强电磁波的场域，它们就有可能会迷路。

铁锤和羽毛谁会先落地？

如果同时抛下铁锤和羽毛，哪一个会先落地？按照我们的常识，应该是铁锤会先落地。很早之前就有人设想过这个简单的实验，他们得出结论：排除空气阻力的影响，铁锤和羽毛会同时落地。伽利略就曾做过一个著名的落体实验，证明了不同质量的铁球会同时抵达地面。

要做一个真正能排除空气阻力的落体实验就得找到一个真空的环境，月亮便是这样的一个环境。随着载人航天技术的发展，人类有了在月球验证猜想的计划。1971年，阿波罗15号的航天员在月球同时抛下铁锤和羽毛，结果铁锤和羽毛同时落到了月球表面，这和前人的推论相同。

更多阿波罗实验内容，
请扫右侧二维码观看

同样的实验在地球和月球上做为什么呈现出不同的结果？这是因为在地球上，铁锤和羽毛受到空气阻力的影响，所以是铁锤先落地。而在月球上，其表面大气层不及地球海平面大气层密度的百兆分之一。月球的质量非常小，缺乏足够的引力将气体分子吸附在月球表面，所以与地球或其他行星相比，通常认为月球的大气层可以忽略不计，是真空状态。因此在排除了空气阻力干扰的情况下，铁锤和羽毛同时落地。

什么决定摆动周期？

你可能以为，摆锤越重，则摆得越快，因而周期越短。你也可能以为，摆动的幅度越大，周期越长。但其实，决定摆动周期的是摆长。

摆长最重要的发现具有一定的偶然性。大物理学家伽利略是一位虔诚的天主教徒，有一天他在教堂做礼拜时，被头上摆动的大吊灯吸引了目光，他一边用脉搏计时一边数着吊灯的摆动次数，他发现不管吊灯摆动的幅度、速度如何，吊灯来回摆动的时间总是相同。这就意味着，吊灯的摆动周期与摆幅、速度无关。

更多“摆长最重要”实验内容，
请扫右侧二维码观看

为了找到影响摆动周期的因素，他回家后找来了绳子、木球、铁球、石块等制成各种不一样的单摆。经过多次实验，他发现当摆长不变时，不管是木球还是铁球，来回摆动一次的时间都相同。而当改变摆长时，摆动一次所需的时间出现了差异。因此他得出结论，摆长是影响摆动周期的唯一因素。

蛇形摆

转动曲柄，将全部的摆球抬到同一高度，然后释放，会发现摆球形成了有趣的蛇形摆动，这也是蛇形摆名字的由来。为什么摆球会形成有趣的蛇形摆动呢？所有的摆在一开始近乎同步摆动，后来由于摆线

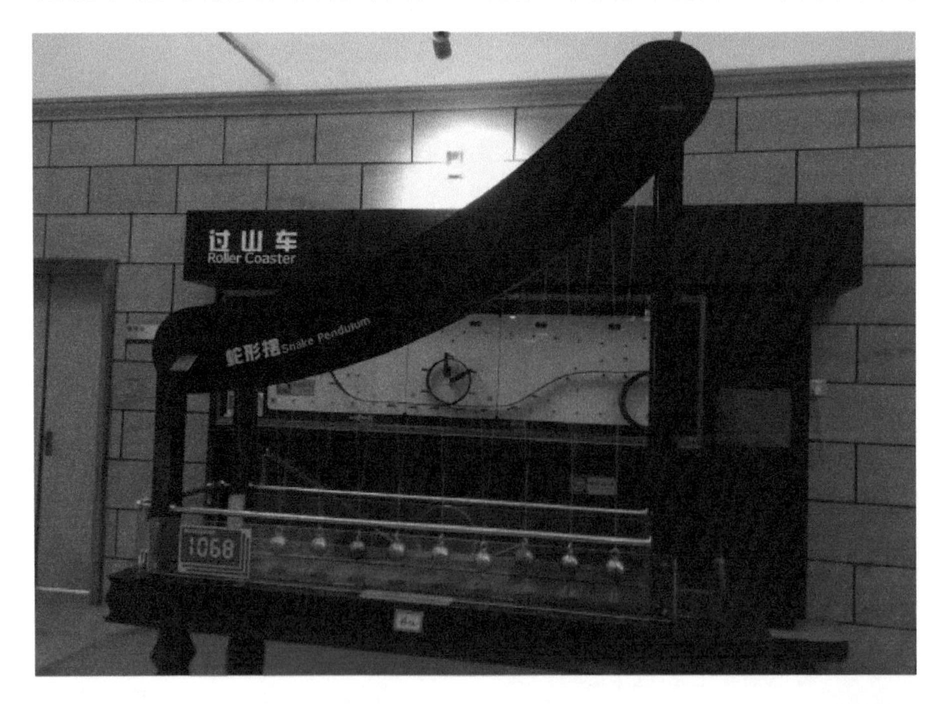

更多蛇形摆实验内容，
请扫右侧二维码观看

长度的依次变化，每个摆都以略微不同的周期独自摆动下去，从而使其与邻近的摆的相对位置发生变化，形成了蛇形摆动或其他规律摆动，周而复始。

之所以每个摆都会以不同的周期摆动下去，是因为每个吊挂着的小球相当于一个单摆，由于摆线长度不同，每个单摆的摆长不同，所以每个单摆的周期产生了差异，由此产生了相位差。

蝴蝶效应

混沌摆由 1 个 T 形的主摆及 3 个副摆组成。主摆绕着固定点旋转，外侧与副摆通过铰链连接。单个摆的运动状态是确定的，但由 T 形主摆带动 3 个副摆运动，它们相互影响呈现出摆动或转动的不规则状态，即使重复操作多次，也难以有完全相同的状态，难以预测。这种由确定性系统产生的不规则状态就是混沌状态。混沌状态看似无规律，实际它是与初始状态、相互作用、外部干扰密切相关的一种复杂运动形态。初始状态极小的差异，将导致以后运动状态的极大差异。混沌是可用确定论方法描述的系统所表现的随机行为的总称，它的根源在于非线性的相互作用。

旋转手柄时的初始力度和方向不同，最终的运动曲线也就不同，但是无论初始力度或者方向如何变化，单摆都始终活动在一个圆形范围之内。混沌摆很好地体现了混沌理论中的确定性和不确定性。我们熟知的“蝴蝶效应”也是混沌理论一个较为经典的体现。美国气象学家爱德华·洛伦茨详细阐述了这个效应：“一只南美洲亚马孙河流域热带雨林中的蝴蝶，偶尔扇动几下翅膀，可以在两周以后引起美国得克萨斯州的一场龙卷风。”在动力系统中，任何微小的变化都有可能带来系统的连锁反应，这说明了任何事物都具有定数和变数。

更多混沌摆实验内容，
请扫右侧二维码观看

太 阳 系

我们生活的太阳系是一个受太阳引力约束在一起的行星系统，充满了神秘的色彩。随着航天航空技术的发展，在坚持不懈的探索下，我们对太阳系的了解一步步加深。现在我们已经知道，太阳系有八大行星，按照离太阳由近及远的顺序排列分别是：水星、金星、地球、火星、木星、土星、天王星、海王星。还有许多已经辨别的卫星、矮行星，以及柯伊伯带和数以亿计的太阳系小天体。

关于太阳系的形成众说纷纭，其中较有影响力的有星云假说和大爆炸假说。星云假说认为太阳系形成于一个坍缩的分子云，是46亿年前在一个巨大的分子云的坍缩中形成的。大爆炸假说提出在大爆炸时期，黑洞在爆炸中发生裂变反应，在裂变过程中，含有大量氕及其他能产生聚变物质的气团产生，气团的体积和内部压力累积到一定程度发生了核聚变，由此形成恒星的幼体。幼体不断发展壮大最终形成太阳。

伽利略斜面实验

亚里士多德认为，物体只有在力的不断作用下才能持续运动。但该观点无法解释许多生活现象，比如投篮这个动作，篮球从我们手中投出去后仍然在运动。亚里士多德解释道，手在投球的同时周围的空气也动起来了，空气带动了物体的运动。

这种解释并不能让人信服，但人们也拿不出有力的证据反驳亚里士多德。直到聪明的伽利略设计了一个斜面实验。该实验如下：首先，从第一个斜面的顶端释放出小球，如果排除摩擦力的作用，小球将会滚上第二个斜面，并且高度与落下高度一致；然后，减小第二个斜面的倾角，再重复之前的做法，小球仍然到达第二个斜面的同一高度。由于倾角变小了，所以小球的运动距离会更远。如果第二个斜面放平会怎么样？为了到达同样的高度，小球将一直运动下去。这就证明了，力不是维持物体运动的原因。

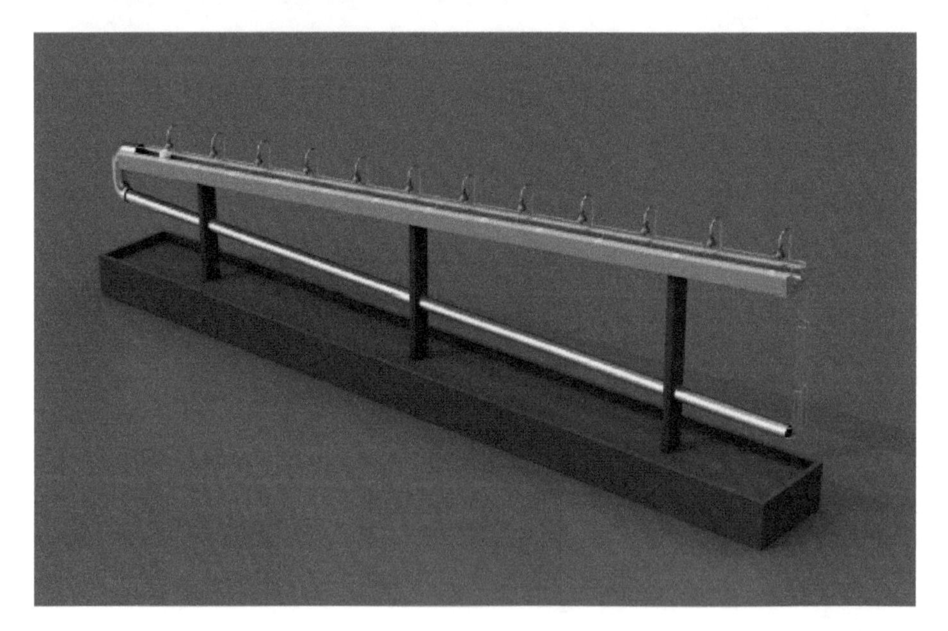

更多伽利略斜面实验内容，
请扫右侧二维码观看

虽然伽利略斜面实验可视化了物体与力的关系，但这个实验是一种理想实验。因为这个实验存在无法实现的条件：一个是排除摩擦力的设想；另一个是存在无限长的斜面。尽管在现实生活中这两个条件无法满足，但伽利略通过逻辑推演弥补了这个缺陷。2002年，该实验被《物理学世界》（*Physics World*）评为“最美”的十大物理实验之一，正如克里斯所说：“这项实验的美就在于它的戏剧性做法，只用了相当简单的装置就能够让自然的基本原理生动展现，而乍看之下，这只是一组随机、混乱的事件——圆球滚落坡道。这就是那项定律最初向伽利略展现的方式，而今它也是以这种方式对学生们展示。”

伽利略落体实验

在16世纪以前，亚里士多德的运动理论备受推崇。他认为物体的重量与物体的下落速度成正比。伽利略提出了一个假设巧妙地推翻了亚里士多德的观点，并记载于《两种新科学的对话》一书中。伽利略提出，若亚里士多德所言属实，较重的石头下落的速度会快于较轻的石头，如果将两块石头绑在一起，那么重石头和轻石头的下降速度就会相互弥补，它们的下降速度将慢于重石头的下降速度。但是两块绑在一起的石头重量大于重石头，下降速度应该快于重石头。由此证明，亚里士多德的观点存在矛盾之处。

1590年，伽利略在比萨斜塔上做了“两个铁球同时落地”的实验，通过实验证明了物体下落速度与重量无关。该实验非常简单，伽利略站在斜塔上面同时抛下两颗不同重量的铁球，并测量两颗铁球的下落时间。结果两颗铁球同时落地。将铁球换成其他物体也是如此。由此可证，在空气阻力忽略不计的情况下，物体的重力加速度相同。

伽利略进一步对自由落体运动进行了研究。受当时技术水平的限制，难以做出精确测量，但伽利略非常善于将实验与逻辑推演相结合。因为斜面运动中的加速度更容易测量，伽利略让小球从斜面的不同位置滚下，测量结果表明小球通过的位移跟所用时间的平方成正比。改变斜面的倾角，结论也是如此。因此可以合理外推，当斜面倾角增大到 90° 时，做自由落体运动的小球仍然会保持匀变速运动的性质。这种巧妙的外推思维克服了现实因素的限制，至今仍备受推崇。伽利略将科学实验、抽象思维、数学推导相结合的方式值得我们学习、借鉴。

魔力水车

看不到外力对水车的推动，水车为什么能够转动？魔力水车的“魔力”来自哪里？原来，魔力水车是由一种特殊的材料制成的。它的叶片由形状记忆合金制作而成，形状记忆合金的“记性”体现在它能记住自己在不同温度时的形状。当叶片进入乙二醇储液槽后，槽里液体温度约 60℃，叶片会变为 60℃时的形状；当叶片离开液面冷却后，它会恢复到低温时的形状。在记忆合金片形状变化的过程中，叶片对液

体有一个作用力，液体对叶片的反作用力便会使得轮子旋转起来。

形状记忆合金发现于1932年。瑞典人奥兰德在金镉合金中看到本来被改变了形状的合金在达到一定温度后竟自动恢复了原来的形状。这一特征一经发现，就广受关注，后来得到了许多运用。

1969年7月20日，美国宇航员乘坐阿波罗11号宇宙飞船在月球上首次留下了人类的脚印。在地球上的人们能看到这一激动人心的画面得益于一个直径数米的半球形天线。这个巨大的传输器是怎么带上月球的呢？原来它也是由形状记忆合金制成的。在制作时按照预设温度制好，然后降低温度使其压成一团装进宇宙飞船，到了月球后将其拿出，在阳光照射下不断升温达到预设温度，恢复成原有的形状。

除了航空航天领域，形状记忆合金在生物工程、医药、能源和自动化等领域也得到广泛运用。

作用力和反作用力

转动手轮将小球送入管道入球口，发现管道转动了。管道为什么会转动？原来，小球在出球口沿切线方向甩出，在被甩出的同时，小球对管道有一个反方向的推力，这个推力与将小球甩出的力是一对作用力与反作用力，推动管道沿与小球相反的方向转动。

早在古希腊时期，就已经有了作用力和反作用力的概念。亚里士多德在著作《物理学》里写道，物体A作用于物体B，这种接触是一种“相应关系”，当物体A接触到物体B时，物体B也接触到物体A。后来牛顿正式总结出了该规律：任何物体施加于其他物体多少作用力，该物体也会感受到多少反作用力。

在生活中，我们随处可以感受到反作用力的存在。当我们用双手去推墙时，会感受到墙对我们的反推力。可别小看反作用力，它在我们生活中能有大作用。火箭能升空飞向宇宙正是利用了作用力与反作用力。它在运行过程中有热气流高速向后喷出，利用其产生的反作用力得以向前运动。

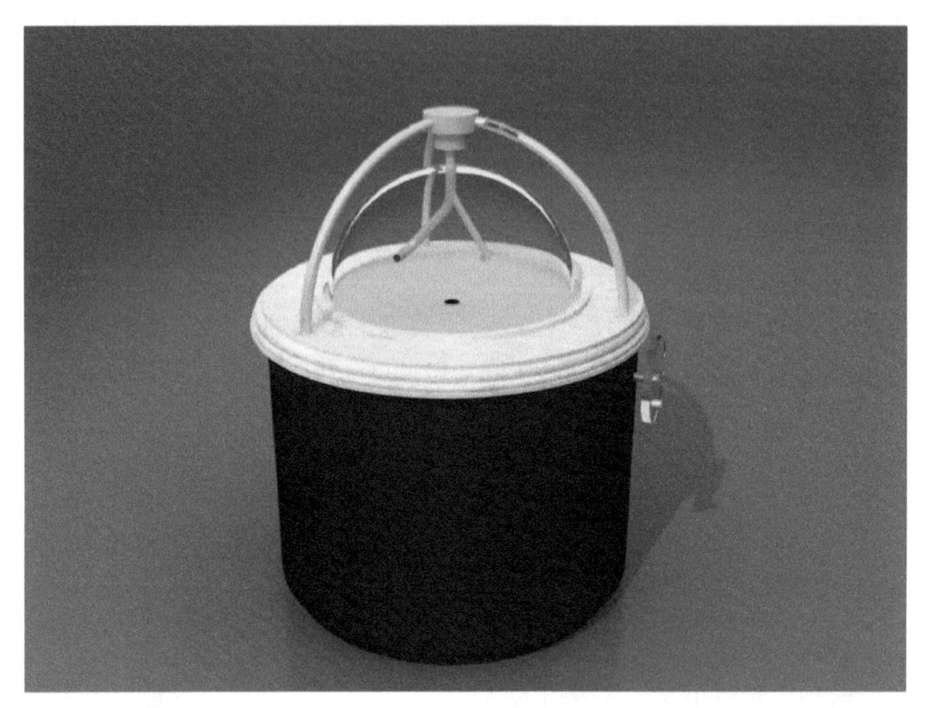

更多排斥实验内容，
请扫右侧二维码观看

锥体自动从低处往高处走?

将锥体放在轨道的低端，发现锥体竟然向上滚动？难道锥体克服了万有引力？

其实恰恰相反。锥体与轨道的形状巧妙地骗了我们的眼睛，造成了锥体向上滚动的错觉。仔细观察会发现在轨道低端的两根导轨间距小，锥体停在此处重心被抬高了；相反，在轨道高端两根导轨间距较大，

更多锥体上滚实验内容，
请扫右侧二维码观看

锥体在此处重心反而更低。锥体位于轨道低端时，重力势能被转换为动能，锥体看似向上滚动，同时也证明了能量守恒定律。

离心现象

在下图展台上按下按钮，发现金属圆环变成了椭圆形，这是为什么呢？因为，金属圆环薄片各部分均做水平方向的圆周运动，在圆环中间区域，做圆周运动的半径最大，所以其惯性离心力也最大，在转轴两端则无惯性离心力，惯性离心力迫使环壁向外拉伸，圆环薄片逐渐变成椭圆形状。

离心现象的本质是物体惯性的表现。做匀速圆周运动的物体，由于

更多离心现象实验内容，
请扫右侧二维码观看

本身有惯性，物体将沿着切线方向运动。但在向心力作用下，它无法沿切线方向飞出，而被限制着沿圆周运动。如果提供向心力的合外力突然消失，物体由于本身的惯性，将沿着切线方向运动。

我们使用的滚筒洗衣机正是对离心现象的运用。滚筒旋转将产生离心力，筒内多条突出的提升筋会将衣物带到高处，然后再使其落下，类似人工洗衣时拍打衣物的效果。

离心现象有利有弊，人们可以利用它，它也可能对人产生伤害。例如，汽车、火车在转弯时若速度超过允许范围，就会因离心现象而造成严重的交通事故。

陀螺转椅

根据角动量守恒定律，转动物体如果不受外力矩作用或外力矩之和为零时，将保持原来静止或匀速转动的状态。陀螺转椅运行时就符合上述条件，人、飞轮和转台组成的系统，无外力矩作用时，保持总角动量不变。转动飞轮并倾斜时，它的角动量发生变化，转台必须产生与其相反的角动量，才能使系统角动量守恒，即力图保持系统的初始轴线方向。

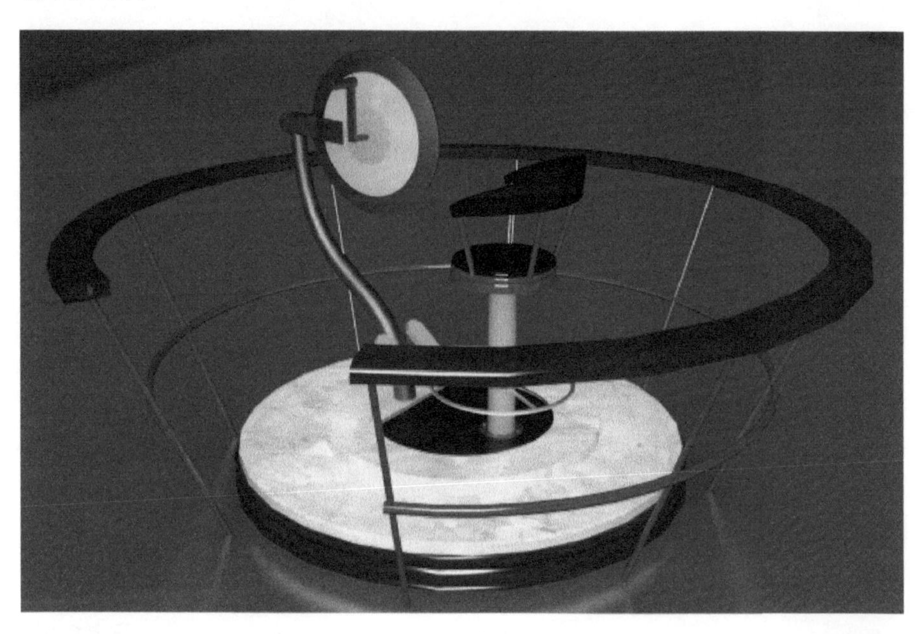

更多陀螺转椅实验内容，
请扫右侧二维码观看

大家有没有过疑问：人们走路的时候为什么要甩手呢？为什么顺拐时会感到别扭呢？其实，这也是角动量在其中“作祟”的结果。

角动量守恒定律

角动量等于转动惯量与角速度的乘积，当滑块向中心滑动时，转动惯量减小，为了保持角动量不变，角速度就要增大，转动速度就越来越快；当滑块向外滑动时，转动惯量增大，角速度就减小，转动速度就越来越慢。

更多角动量守恒实验内容，
请扫右侧二维码观看

滑　　轮

拉动手柄，提起砝码，会发现各组滑轮的用力大小和拉动距离存在差异，这是因为各组所用的滑轮不同。

定滑轮，改变力的方向，但不能省力；动滑轮，不能改变力的方向，省力不省功，需增加做功距离。

第一组滑轮：只有 1 个定滑轮，不能省力，但拉动距离最短。

第二组滑轮：有 1 个动滑轮，有两段绳子分担砝码的重量，能省 1/2 的力，但需要增加一倍的拉动距离。

第三组滑轮：有 1 个定滑轮和 1 个动滑轮，有三段绳子分担砝码的重量，能省 2/3 的力，但需要增加两倍的拉动距离。

更多滑轮实验内容，
请扫右侧二维码观看

伯努利定理

根据伯努利定理，流体的流速越大，压强越小；流速越小，压强越大。在下图展台上，由于风机喷出的气流速度大于大气流速，所以球总是被包裹在气流里面并被气流推动前进。只要控制好气流的速度和方向，就可以把球投进篮筐。

更多“气流投篮”内容，
请扫本处二维码观看

在人们未了解伯努利定理前，有位船长曾为此蒙冤。1912 年秋，英国铁甲巡洋舰“哈克号”和邮轮“奥林匹克号”在海上航行，两船横向距离很小。突然，有一股巨大的力量迫使两船靠拢，两船均采取了果断措施，竭力反向转舵但终究无济于事。海事法庭以“奥林匹克号”未给“哈克号”让路为由，判“奥林匹克号”的船长犯失职罪，但事实上，船长也不知道自己做错了什么。

这种海上事故并不是个例，这种现象与伯努利定理有关。瑞士物理学家伯努利发现流体在管子里或者河沟里稳定流动的时候，当流经狭窄的部分时，流速会大一些，且在该处的压强减小；流体流经宽阔的部分时，流速会小一些，而压强增大，这就是伯努利定理。

我们在站台等火车时，火车站的工作人员经常提醒我们站在安全线外。这是因为，如果人站得离火车太近，就有可能由于压强差作用而被吸往火车一侧，发生意外事故。所以车站工作人员的要求是有科学道理的，我们应当自觉遵守。

万有引力

相传有一天，牛顿坐在自家院中的苹果树下思考问题。这时，一只苹果恰巧落下来，它落在牛顿的脚边，引起了牛顿的注意。牛顿想：为什么苹果是向下而不是向上？是否存在某种引力使得苹果向下落？

经过一系列研究，牛顿发现任何物体之间都有相互引力，这个力的大小与各个物体的质量成正比，而与它们之间的距离的平方成反比。万有引力定律是17世纪自然科学最伟大的成果之一，对后来物理学和天文学的发展具有深远的影响。

“万有引力碟”形似漏斗，滚动的小球模拟行星，圆盘的中心模拟太阳，漏斗表面是个倒数曲线的旋转面，它巧妙地利用地球上小球的重力势能模拟太阳系中的万有引力势能，使小球的运动规律接近开普勒定律，从而模拟出行星运转的椭圆轨迹。

开普勒定律

开普勒出生在德国的一个普通家庭，出生后遭遇了许多不幸，求知之路非常坎坷，但他并没有自我放弃。体弱多病、家庭贫困的他仍然坚持学习科学知识，研究自己感兴趣的天文学。

1600 年，已经 30 岁的开普勒为了能更好地研究行星运动，鼓起了莫大的勇气给素不相识的丹麦天文学家第谷写信，他把自己的研究成果和心得写在了信中。第谷看完后马上邀请开普勒担任助手。在第谷的帮助下，开普勒对火星运动开展了研究。

经过无数次的计算和推理，开普勒发现行星轨道不是正圆，而是椭圆。行星在通过太阳的平面内沿椭圆轨道运行，太阳位于椭圆的一个焦点上。这就是行星运动第一定律，又称为“轨道定律”。

后来他发现，在椭圆轨道上运行的行星速度不是常数，而是在相同时间内，行星与太阳的连线所扫过的面积相等。这就是行星运动第二定律，又称为“面积定律”。

经过了多年的努力，开普勒又找到了行星运动第三定律：太阳系内所有行星公转周期的平方同行星轨道半长径的立方之比为一常数。这一定律也称为“调和定律”。

惯性力的神奇作用

为什么在旋转小屋投篮总是很难投进？因为旋转的平台是一个非惯性系，惯性离心力和科里奥利力会使抛出去的球背离你想象的轨迹，所以进行投篮游戏时，虽然瞄准了目标，总是很难投进篮筐。

科里奥利力是一种惯性力，是对旋转体系中进行直线运动的质点由于惯性相对于旋转体系产生的直线运动的偏移的一种描述。此现象由法国著名数学家兼物理学家古斯塔夫·科里奥利发现，并因此命名。

第二章

电磁学实验

电现象和磁现象很早就引起了人们的注意，留下了许多相关的文字记载。但是对于电磁现象真正的研究始于英国御医吉尔伯特（1544—1603）《论磁、磁体和地球作为一个巨大的磁体》一文的发表。[1]这时的研究比较零碎，且多为定性的观察。直至18世纪，对电现象和磁现象才有了较为系统的研究，磁力和电力的平方反比定律相继发现，静电学和静磁学得到发展。19世纪，电流的磁效应、化学效应和热效应相继被发现，定量研究崛起，并建立起了统一的电磁理论。[2]在一代又一代科学家的努力下，电磁学理论得以建立并不断发展，成为经典物理学的重要理论之一。

法拉第电磁感应实验

法拉第出生在一个铁匠家庭，由于父亲经常生病，贫困的家庭无法支撑他完成学业。为了贴补家用，他 14 岁就在伦敦李波书店当学徒，利用有限的闲暇时间阅读了大量的书籍。一次偶然的机会，法拉第旁听了著名化学家戴维的讲座。过后，法拉第将他整理的讲座笔记和表明他愿意献身科学事业的一封信寄给了戴维。戴维被法拉第的诚心所打动，邀请他担任实验室的助手。

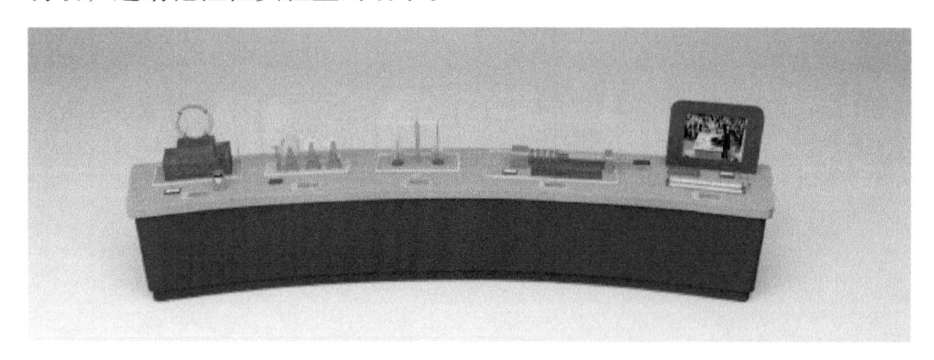

在奥斯特发现了“电流的磁效应”之后，法拉第不禁思考，既然电可以生磁，那么反过来，磁可不可以生电呢？ 1821 年，他写下了自己的奋斗目标：由磁产生电！

十年的时间里，法拉第经历了实验、失败，再实验、再失败的往复过程，无数次的失败并没有使法拉第失去信心。皇天不负有心人，1831 年 8 月 29 日，法拉第终于取得突破性进展。这天，他在一根圆形铁棒上绕了两个线圈，其中一个线圈接电源，另一个线圈的下方平行放了一个小磁针。接通电源的瞬间，小磁针突然摆动了一下，又迅速回到原来的位置。切断电源时，小磁针又摆动了一下，方向与接通电源时相反。通过进一步探究，法拉第终于明白，只有变化的磁场才能产生感应电流。同年的11月24日，法拉第向英国皇家学会报告了他的重大发现，并正式将这种现象命名为“电磁感应”。

电生磁·磁生电

我们在下图展台上做一个实验，从小铁球所在端开始逐个按下展台上的按钮，发现小铁球从一端爬到了另一端。这是因为玻璃管内分布着多个闭合线圈，按下按钮，对应的线圈通电，由奥斯特实验的电生磁现象可知，线圈周围产生了磁场，吸引小铁球，多个线圈逐一通电，产生接力，使小球从一端爬到另一端。

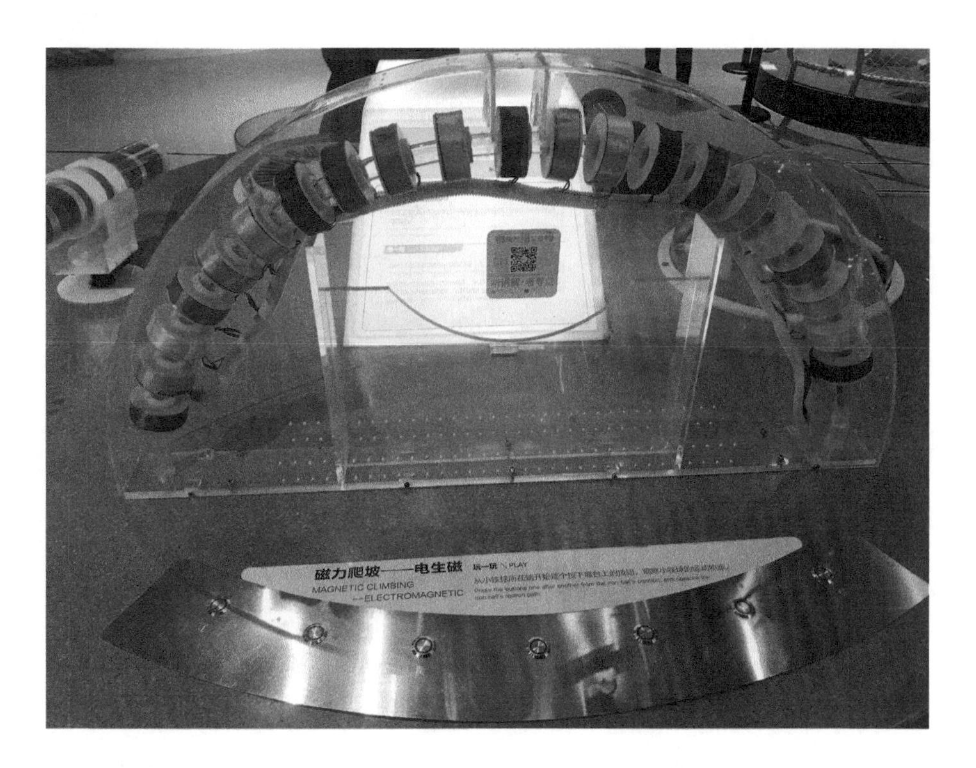

轻压玻璃管一侧，使其倾斜，磁铁球在玻璃管中滚动，观察灯泡发亮和熄灭的过程。灯泡为什么会亮？玻璃管内分布着多个闭合线圈，线圈连接着灯泡，磁铁球在重力作用下逐个穿过线圈时，根据电磁感应定律，在线圈内产生感应电流，把灯泡逐个点亮；当磁铁球远离线圈或静止时，该线圈产生的感应电流逐渐变小，致使灯泡熄灭。

磁生电现象的发现历经了一些坎坷。西方国家经过长期的知识积累和系统研究，逐渐形成了电学和磁学两门独立的学科。在研究过程中，电和磁究竟有没有联系成为一个备受争议的问题。许多人认为电与磁是两种截然不同的现象，然而在现实生活中又有一些事实表明，电与磁存在某种联系。1774 年，德国一家研究所针对“电力和磁力是否存在着实际的和物理的相似性”这个问题悬赏征求答案，引发了电磁现象的研究热潮。丹麦一位名叫奥斯特的物理学家，以其不折不挠的探索精神，经过反复实验，终于发现了电流的磁效应。

从 1819 年的冬天开始，奥斯特在哥本哈根大学开办自然科学系列讲座。1820 年 4 月的一个晚上，奥斯特在演讲中即兴地把导线和磁针平行放置做示范。没想到，正当他把磁针移向导线下方，助手接通伏打电池的瞬间，磁针有一轻微晃动。尽管听众毫无反应，但这个现象使奥斯特激动万分。演讲结束后，奥斯特一遍又一遍地打开和合上电源开关，观察磁针的摆动，他认为“很可能这就是电和磁现象之间必然的某种相互联系”[3]。奥斯特接连几个月都在研究这一新现象，在 3 个多月的时间里他做了 60 多个实验。

奥斯特的实验揭示了一个重要的事实，不但磁体具有磁性，电流也具有磁性，可以产生磁的作用。通电的导线能在它周围形成一个磁场，从而引起磁针转动。[4]这个实验有力地证明了电和磁之间存在必然联系，改变了人们认为电和磁毫不相关的看法。有人认为奥斯特的这一发现似乎带有偶然性，若不是他在演讲时的随意一试他就发现不了电流的磁效应。但正如大数学家拉格朗日的名言所说：“这样的偶然性只能被应当得到的人所碰上。”如果不是奥斯特十年如一日对电磁学的苦心钻研奠定了基础，不是他善于发现的眼睛观察到细微的变化，不是他继续深究实验，“小磁针发生偏转”这一不起眼的现象就无法“变成”电流的磁效应这一科学知识。

发　电　机

在下图实验中，摇动手柄点亮灯泡，移动铁芯调节灯泡亮度。灯泡为什么会亮？亮度为什么会改变？其实，这是一个发电机的模型，由定子、转子等部件构成。摇动手柄时，使转子（磁铁）在定子（线圈）中旋转，导致线圈磁通量变化，从而产生感应电动势，点亮灯泡。转速越快，电流越强，灯泡越亮。回路中的线圈和铁芯构成一个电感器，移动铁芯，改变感抗，使电流发生变化，灯泡亮度随之变化。

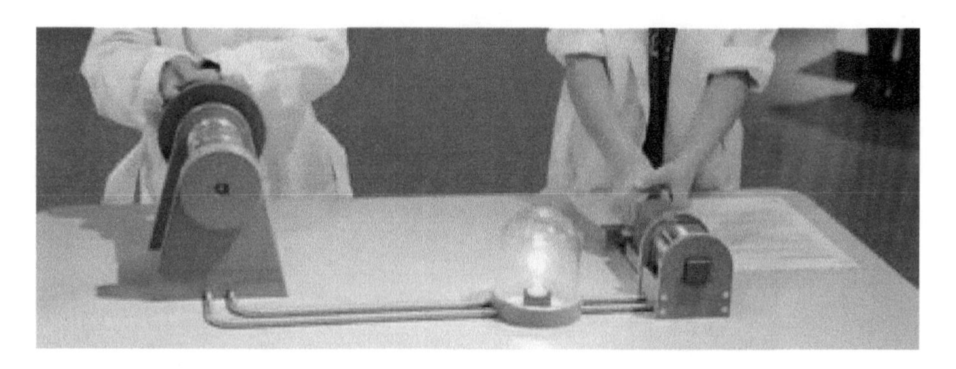

我们的生活中存在着各种电器，电灯可以照明，电饭锅、电磁炉可以煮饭，电视、电脑可以供人娱乐。可以说，我们生活的丰富多彩，离不开电，离不开发电机。发电机可将其他形式的能源，比如水能、风能，转化为电能。它工作的原理基于电磁感应定律和电磁力定律，它通常由定子、转子、端盖及轴承等部件构成。转子通过在定子中旋转，做切割磁力线的运动，从而产生出感应电势，并由接线端子引出，接在回路中，便产生了电流。[5]

磁 感 应 线

转动旋钮，带动磁铁旋转，可以发现小磁针的指向发生了变化。变化的原因是因为磁铁周围分布着磁场，当转动磁铁时，其磁场方向发生改变，周围小磁针的指向也发生相应改变，磁针指向该点磁感应线的切线方向，磁针群的分布反映了磁铁周围磁感应线的分布状态。

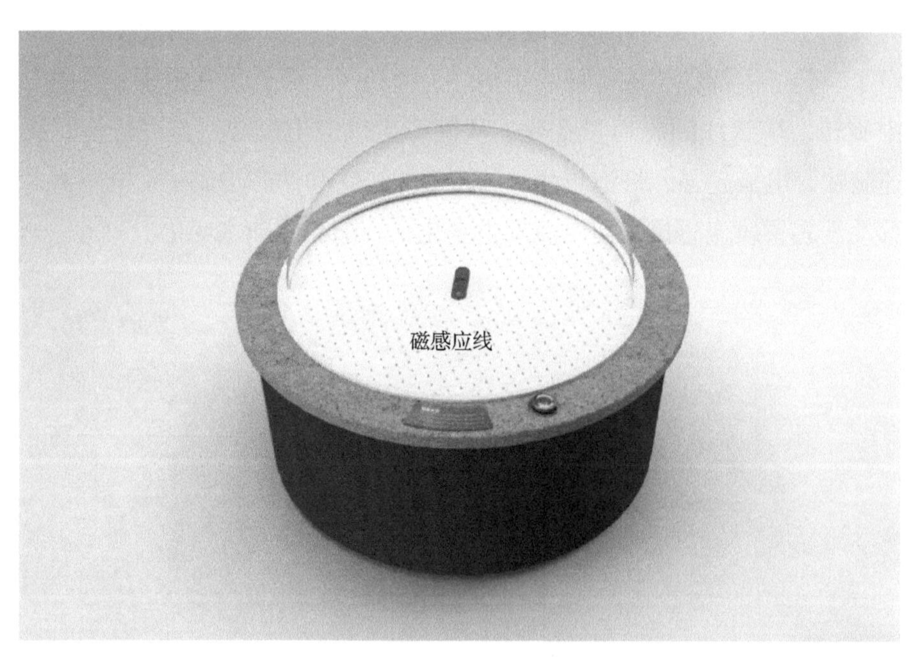

更多磁感应线实验内容，
请扫右侧二维码观看

磁体中磁性最强的部分为磁极，磁极之间有相互作用，即同性相斥，异性相吸。磁极之间的作用也是通过一种场进行的。[6] 与电场中描述各点电场方向的电场线类似，在磁场中，我们常常用磁感应线来描述磁场各点的磁场方向，这一概念是由著名的物理学家法拉第提出的。

在磁场中画一些实际不存在的曲线，使曲线上任何一点的切线方向都跟这一点的磁场方向相同（且磁感应线互不交叉），这样的曲线就是磁感应线。[7] 磁感应线是闭合曲线，在磁体外部，从 N 极到 S 极。磁场的强弱可以用磁感应线的数量来表示，磁感应线密的地方磁场强，磁感应线疏的地方磁场弱。[8]

会跳舞的磁性液体

现在我们对磁铁相吸、指南针能指示方向的现象并不感到惊奇。人类很早就认识到了这些磁现象，但在科学技术落后的时代人们把磁现象看得非常神秘。对于磁石为什么能吸引铁这个问题有许多不同的看法。比较有代表性的是，人们把磁石类比成狗，狗看到肉会向肉扑去，同理，磁石看见铁会被铁吸引过去，即把磁石看成是“活”的东西。泰勒斯解释说，磁石能够吸引铁是因为它有“灵魂”。由于灵魂的作用，会使铁块被磁石吸引。

随着科学技术的发展，西方对磁学的研究也逐渐规范化，建立起了相关的概念体系。当我们把条形磁铁接触或是靠近铁屑时，铁屑就被吸起来。像条形磁铁这样能吸引铁、钴、镍等物质的性质叫磁性，而具有磁性的物体就叫磁体。固态磁体随处可见，但在科学技术的创造下，还存在一种液态磁体。把一些尺寸为 0.1 ～ 1.5 微米的铁磁微粒掺入基载液以及界面活性剂中，并采取措施使这些微粒均匀地悬浮于液体之中，就形成了磁性液体，俗称液体磁铁。磁性液体既有液体的流动性，又有固体磁性材料的磁性。

在下图展台上，按下按钮选择不同音乐，发现磁性液体跳起了舞。这是因为，按下按钮通电产生磁场，磁性液体受到磁场力的作用，并随磁场变化而进行相应运动。因为磁性液体内含有大量的纳米级磁性细微固体颗粒，这些磁性细微固体颗粒在外磁场中受磁场力作用，使整个液体都受磁场力作用。采用多路控制器控制电磁铁的磁场变化，而控制信号取自音乐，因此在音乐变化下，磁性液体槽上下两侧的磁铁受控产生磁性时强时弱的变化，这时磁性液体随着磁场的变化而流动跳起舞来。

更多“会跳舞的磁性液体”实验内容，
请扫右侧二维码观看

虽然我们对磁性液体较为陌生，但实际上它在现实生活中得到了广泛的运用。利用磁性液体可以被磁控的特性，用环状永磁体在旋转轴密封部件产生一环状的磁场分布，可将磁性液体约束在磁场之中而形成磁性液体的O形环。这种环没有磨损，可以做到长寿命的动态密封。此外，在电子计算机中，为防止尘埃进入损坏磁头和磁盘，在转轴处也已普遍采用磁性液体防尘密封。在精密仪器的转动部分，大功率激光器件的转动部件，甚至机器人的活动部件，都采用磁性液体密封法。[9]

灯泡为什么可以悬浮在空中？

在经过科学技术的高速发展后，磁学有了更进一步的运用。人类一直致力于减少摩擦来提高运动的效率，最理想的状态是运动的物体不与其他物体相接触，或者只与空气接触，此时的物体便要克服地心引力处于空中悬浮状态。如何才能使物体实现空中悬浮？磁体“同性相斥，异性相吸”的性质给人们提供了新思路，即利用稳定性好的磁力以达到使物体在空中悬浮的目的。这种利用磁力克服重力使物体悬浮的技术被称为磁悬浮技术。[10]

在下图装置中按住按钮，发现眼前悬浮的灯泡亮了。有一定重量的灯泡处于悬浮状态，说明存在与它的重力相平衡的另一个力，而重力是竖直向下的，那么这个平衡的力就一定是向上的。这个力的存在正是利用了磁悬浮技术。灯泡顶部放置了一个磁铁，上方箱体也装有一

个励磁线圈，通电后产生与灯泡顶部磁铁极性相反的磁场，使灯泡受到向上的吸引力，悬浮于空中。励磁线圈下部安装了磁场敏感元件，通过磁场的变化来感知灯泡位置变化，从而调节线圈中的电流大小，控制灯泡平衡。灯泡底部和下方箱体里各有一个线圈，给下方线圈通以交流电，电磁感应使灯泡底部的线圈产生感生电流点亮灯泡。

磁悬浮技术在我们的生活中也有很多的应用，我们最为熟知的当属磁悬浮列车。20 世纪 70 年代以后，伴随着科学技术的发展，西方国家如美国、德国开始研发能提高交通运输能力的磁悬浮运输系统。磁悬浮列车实际上是依靠电磁吸力或斥力将列车悬浮于空中并进行导向，实现列车与地面轨道间的无机械接触，再利用线性电机驱动列车运行。实现列车悬浮的是电磁悬浮系统，结合在列车上的电磁铁和导轨上的铁磁轨道相互吸引产生悬浮。[11] 我国同样进行了磁悬浮技术的研究，其中西南交通大学取得了一定的成就。1995 年，我国第一条磁悬浮列车试验线在西南交通大学建成，并且成功进行了试运行试验。该试验的成功标志着我国已经掌握制造磁悬浮列车的技术。我国第一辆磁悬浮列车正式投入使用是在上海，该列车是从德国购入，2015 年我国建成并试跑了第一条国产磁悬浮线路。

楞次定律

在下图展台中，将环形磁铁移动到垂直管的顶端释放，会发现磁铁的下降速度不同。为什么磁铁的下降速度有所不同？环形磁铁沿垂直管下落过程中，会使金属管产生感生电流，根据楞次定律，其磁场总是阻碍原来磁场的变化，因而表现出对环形磁铁下降的阻碍，不同材料产生的磁阻尼大小不同；非金属管则不发生电磁感应。所以磁铁在不同垂直管的下降速度有所不同。

更多“下降的磁铁”实验内容，
请扫右侧二维码观看

楞次定律是一条电磁学的定律，可以用来判断由电磁感应产生的电流的方向。楞次定律是由俄国物理学家海因里希·楞次总结出来的。其表述可归结为：“感应电流的效果总是反抗引起它的原因。”如果回路上的感应电流是由穿过该回路的磁通量的变化引起的，那么楞次定律可具体表述为：“感应电流在回路中产生的磁通量总是反抗（或阻碍）原磁通量的变化。”这里感应电流的“效果”是在回路中产生了磁通量；而产生感应电流的原因则是“原磁通量的变化”。楞次定律可以用这十二个字进行概括：增反减同，来拒去留，增缩减扩。

避雷针是如何避雷的?

雷电是一种大气放电现象，除了雷电外，还有一种大气放电现象是尖端放电。尖端放电是在强电场作用下，物体尖锐部分发生的一种放电现象。

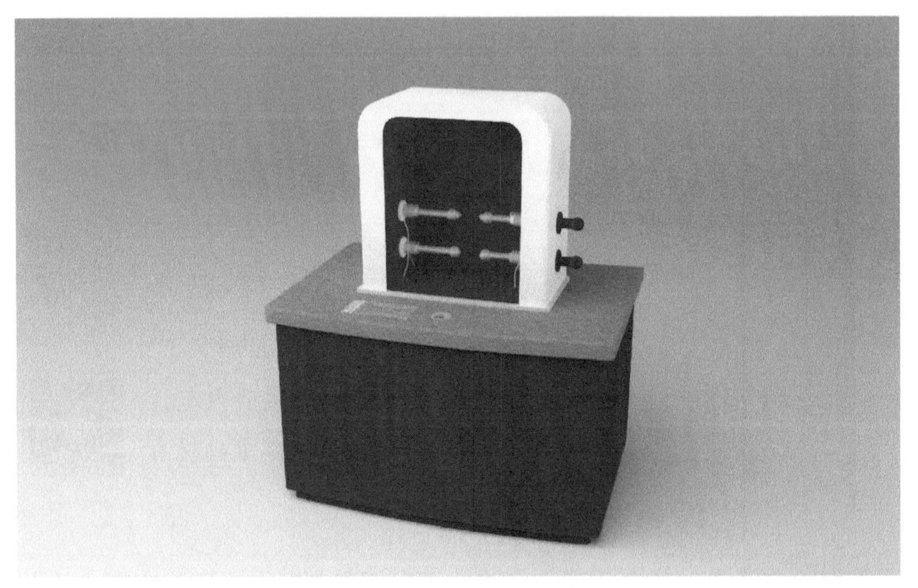

更多尖端放电实验内容，
请扫右侧二维码观看

大约在 1764 年，富兰克林和他的朋友们做实验时发现了尖端放电现象。在强电场中，若大气中有尖端导体时，大气电场在这样的导体上感应的电荷分布很不均衡，物体表面曲率大的地方（如尖锐、细小物的顶端）的电荷特别集中，电场强度会很强，若足以达到空气被击穿的电位差，就会致使它附近的空气被电离而造成空气放电发光。[12] 观察尖端放电的现象必须满足两个条件，一是要有足够高的电压，二是必须有适当的形状配合。

避雷针便是对尖端放电现象一个巧妙的运用。唐代王睿在《炙毂子》中记载了这样一个故事：汉代古建筑常因雷击造成火灾，一个巫师提了一个建议，把瓦做成鱼尾形状，然后在鱼尾上吐出一根金属的长舌，这根长舌和一根着地的金属丝相连，就可以避免火灾。这其实是现代避雷针的雏形。[13] 富兰克林在发现尖端放电现象后就开始对雷电现象的形成进行深入思考。他认为，“尖导体既然能够释放或者吸收物体上的电荷，那么它也能释放或吸收云层中的电”。在这个观点指导下，他制作出了避雷针。[14] 现代高大建筑物上都会安装避雷针，雷电的实质是两个带电体间的强烈的放电，在放电的过程中有巨大的能量释放。当带电云层靠近建筑物时，建筑物会感应出与云层相反的电荷，这些电荷会聚集到避雷针的尖端，达到一定值后便开始放电。建筑物的另外一端与大地相连，与云层相同的电荷就流入大地。这样不停地将建筑物上的电荷中和掉，就不会达到使建筑物遭到损坏的强烈放电所需要的电荷。

稀有气体的放电现象

在下图展台中，用手触摸辉光球（盘）表面，会发现辉光球（盘）在放电，呈现出不同色彩。玻璃球（盘）内惰性气体受到高频电场的电离作用而发生辉光放电现象。辉光球（盘）工作时，在球（盘）中央的电极周围形成一个类似于点电荷的场。当手触及球（盘）时，球（盘）周围的电场、电势分布不再均匀对称，故辉光在手的周围会变得更为明亮，产生的弧线随着手的触摸移动而游动扭曲。

辉光球，又称为电离子魔幻球，球内充有稀薄的氖、氩、氙等惰性气体。通电后，振荡电路产生高频电压电场，气体在强电场中电离、复合而发生辉光，当手指触摸玻璃球壳时，人体相当于另一个电极，

在手指接触的区域形成较强的放电通道，所以，当人手移动时，辉光也会随着移动，并且更加明亮。[15] 低压气体中显示辉光的放电现象在现实生活中也有广泛的应用，比如荧光灯、霓虹灯。

雅各布天梯

雅各布天梯的名字来源于古希腊神话，雅各布梦见了天使上下天堂的梯子是闪闪发光的，他攀登闪闪发光的梯子取得了“圣火”，后来人们把梦想中的梯子称之为雅各布天梯。按下下图中雅各布天梯的按钮，能看到电弧爬梯的现象。这是因为，给存在一定距离的两电极之间加上了高压，若两电极间的电场达到空气的击穿电场时，两电极间的空气将被击穿，并产生大规模的放电，形成弓形电弧，产生磁场。电磁力使电弧向上运动，上升的热空气有助电弧上升，并降低击穿空气所需的电压，逐步形成从低至高的击穿放电现象，运动过程类似于爬梯。

更多辉光球放电和雅各布天梯实验内容，
请扫右侧二维码观看

当电弧拉长到一定长度，所施加的电压不能维持产生电弧所需的条件时，电弧就消失，此时底部又会产生新的电弧，形成周而复始的电弧爬梯现象。

触电的感觉*

在下图展台中，将手放在极板上，另一只手摇动发电机，能感受轻微电击的感觉。在仪器上触电时会有电流通过人体，不是所有电流通

* 本实验是特殊仪器设备，读者切勿尝试触电。要注意用电安全！

过人体都会引发触电事故。通过人体的电流强度决定于外加电压和人体的电阻，人体的电阻具有个体差异，也会根据人体状态而改变，皮肤干燥的时候电阻较大，潮湿或者有暴露在外的伤口的时候电阻较小。

更多“柔和的电击”实验内容，
请扫右侧二维码观看

虽然不同人对电流强度的反应不太一样，但是以下值具有较大的参考意义。5 毫安电流：有电击感觉，一般没有伤害；10 毫安电流：使肌肉发生纤维性抽搐，可能无法自行松脱电线；100 毫安电流：足以致命；1 安电流：身体组织因过热而严重烧伤。[16] 在知道人体会导电并且超过一定值的电流会对人体造成伤害后，我们应该注意预防电击和触电事故的发生。在雷雨的天气里，避免携带金属器具待在空旷露天的地方，不要在高树、烟囱下躲雨，远离高压电线和高处。在日常生活中，不要用潮湿的手接触开关、插座、电线等带电物体。

触电有可能给人体带来伤害，但合理利用也能帮我们脱离险境。我们经常在电视上看到医生用除颤器挽回垂危病人的生命，这也是电击的一种运用。

人体导电

夏季雷雨天气多发，放电现象引起了人们的恐惧。为了弄清空中的雷电和用摩擦方法得到的“摩擦电”是否有区别，富兰克林设计了一个有趣的实验。在实验之前他设计了一个特别的风筝，用杉树枝作骨架扎成菱形，再蒙上不易湿透的绸子，风筝顶上安有一根一英尺①长的尖铁丝，这个铁丝与牵风筝的麻绳连在一起，麻绳的下端还连接了一串钥匙。为了不使电直接传到人体，富兰克林在麻绳的下端另外接了一根细线用以抓握，并要防止细线被淋湿而导电。1752 年 7 月的一个雷雨交加的日子，富林克林在一块空旷的地带高举着风筝，当富兰克林将这个风筝放飞到低空的乌云中时，一阵雷电打下来，麻绳上松散的纤维四周竖立起来，靠近钥匙的手和钥匙之间产生了火花，富兰克林用手靠近风筝上的铁丝，还有被电击的感觉。通过这个实验，富兰克林得出了雷电与摩擦产生的电火花没有什么两样，只不过是雷电声势更浩大的结论。[17]

做这个实验要冒着被雷击中的风险，很可能付出生命的代价。这是因为人体会导电。人体既不像金属那样容易导电，但也不像陶瓷那样属于绝缘体。虽然我们的皮肤导电能力很差，但是人体内含有大量体液，如血液、淋巴液和脑脊液等，它们主要是由水组成的，里面溶

① 1 英尺 =30.48 厘米。

解着各种电解质。当人体接触电以后，溶解在体液内的电解质因电离而使体液具有导电性。也就是说，电解质溶解在体液内，体液内便存在着带电的离子，在外电场作用下，离子在体液内作定向的移动形成了电流，人体因而具有导电性，成为很好的导体。[18]

在下图展台中，单人双手或多人手拉手，握住金属棒，就能点亮灯带。正是因为人体体液主要成分是溶解了电解质的水，所以用手连接电路，人体就会成为电路中的一部分，灯带被点亮。

更多人体导电实验内容，
请扫右侧二维码观看

电磁舞台

人们对电的早期认识多来源于摩擦起电和雷电现象。相传古希腊时代的“七贤”之一的泰勒斯（公元前 640 ～前 546）发现琥珀在被摩擦之后能吸引轻小物体，拥有“琥珀之力”。后人经过多次实验发现还有许多物质具有这种力量，如金刚石、水晶、硫黄、玻璃和松香等。“电”这一术语在西方是从希腊文的“琥珀”一词转意而来的。中国古代对摩擦起电方面的发现和记载很多，西汉末年的《春秋纬考异邮》中就有了“玳瑁吸裙”的记载。玳瑁是一种类似龟壳的绝缘体，摩擦起电后能够吸引轻小物体。东汉、三国、西晋等时期也均有关于摩擦起电的记载。西晋张华著《博物志》中写道，“今人梳头、脱着衣时，有随梳、解结有光者，亦有咤声。”这种现象我们并不陌生，冬天脱毛衣的时候，会听到噼里啪啦的声音，在黑暗的环境下有时可以看到光，这就是摩擦起电、电致发光的物理现象。[19]

触摸静电球会“怒发冲冠”也正是因为静电原理。根据高压静电同种电荷相互排斥的原理，头发有微弱的导电性，带有同种电荷的头发相互排斥，产生竖立的效果。静电会对安全生产、公共安全、产品质量以及人们生活等诸多方面产生不良影响。人体是重大的静电源，可以通过专业的防护设备，比如防静电手腕带、防静电鞋和防静电地面等泄放人体所携带的静电。[20] 在日常生活中也可以采取以下措施防止静电：一是洗手或者用手摸墙去掉静电；二是尽量避免穿化纤的衣服；三是在触摸门把、水龙头前可用小金属器件（如钥匙）等消除静电，再用手触及。

沿面放电：电压升高时，沿着物体和空气的交界面发生气体放电，它会随着电压的不断升高而提高放电等级，依次为电晕放电（圆柱形电极附近首先出现淡蓝色的光环）、辉光放电（放电区域逐渐变成由许多平行的火花细线组成的光带）、滑闪放电（火花细线的长度随着电压的升高而增大）。如果所施电压达到空气所能承受最大击穿电压时，还会形成电弧放电。

特斯拉线圈放电：特斯拉线圈可将交流电变为极高的高频电压，击穿空气形成壮观的放电现象。实际上它是一个人工闪电制造器，可以获得上百万伏的高频电压。通过使用变压器使普通电压升高，然后经由两极线圈，从放电终端放电。

法拉第笼：法拉第笼是一个由金属或者良导体形成的笼子，由笼体、高压电源、电压显示器和控制部分组成，其笼体与大地连通，高压电源通过限流电阻将 10 万伏直流高压输送给放电杆，当放电杆尖端距笼体 10 厘米时，出现放电火花，根据接地导体静电平衡的条件，笼体是一个等位体，内部电位差为零，电场为零，电荷分布在接近放电杆的外表面上。

在法拉第笼内，即使把手放在笼壁上，也不会触电。因为手指虽然接近放电火花，但放电电流通过手指前方的金属网传入大地，人体内没

更多电磁舞台内容，
请扫右侧二维码观看

有电位差，所以没有电流通过。法拉第笼可以保护内部不受电场和电磁波干扰。其原理跟高压带电操作员的防护服一样，当接触高压线时，形成了等电位，使得作业人员的身体没有电流通过，起到了很好的保护作用。汽车也可以看成一个法拉第笼，由于汽车外壳是个大金属壳，形成了一个等位体，当驾驶员在雷雨天行驶时，车里的人不用担心遭到雷击。[21]

电　动　机

电风扇为什么通电后能转起来？电能是怎么转换成机械能的？这就不得不提电动机了。电动机是通电线圈在磁场中受电磁力的作用发生运动，把电能转换为机械能的装置。三相电动机用三相交流电分别输入定子中的三个绕组，产生一个旋转磁场，从而通过电磁感应带动

更多电动机工作原理内容，
请扫右侧二维码观看

转子旋转，输出机械能。电动机主要由定子与转子组成，通电导线在磁场中受力运动的方向与电流方向和磁感应线（磁场方向）方向有关。电动机工作原理很简单，磁场对电流受力的作用，使电动机转动。

可以说电动机是继热机之后，影响人类文明的又一伟大发明。在我们家里很多常用的电器里面都有电动机的存在，找找看，有哪些？

电磁波大家庭

电磁波是电磁场的一种运动形态。电与磁紧密相连，电流会产生磁场，变化的磁场则会产生电场。变化的电场和变化的磁场构成了电磁场，而变化的电磁场在空间的传播形成了电磁波，电磁的变动就如同微风轻拂水面产生水波一般，因此被称为电磁波，也常被称为电波。

电磁波的应用使人类生活发生了日新月异的变化，电磁波无所不在，生产、生活、娱乐、通信等都离不开电磁波的帮助。

旋转的金属蛋

在下图展台中，按下不同按钮，发现金属蛋旋转竖立。这是因为，圆盘下方放置有三个线圈，线圈通以三相交流电后，会在金属蛋所在的空间生成旋转磁场。金属蛋是闭合的导体，旋转磁场会在金属蛋中产生感生电流，它被三相交流电所形成的磁场影响，从而产生感应电流形成另外的一个磁场，两个磁场相互作用，使金属蛋高速转动，高速旋转的金属蛋在离心力、重力及摩擦力的作用下竖立起来。在生活中，旋转磁场的运用并不少见，比如机床、吸尘器、波轮洗衣机等。

更多“旋转的金属蛋”实验内容，
请扫右侧二维码观看

极　　光

人们对极光现象的观察早已有之，并且诞生了许多传说。“极光”（Aurora）这个词来源于拉丁文“伊欧斯”一词。在古希腊神话中，伊欧斯是太阳神和月亮女神的妹妹，是黎明的化身。极光有着非常美好的象征，但也有人将其视为厄运。因纽特人认为极光会带走人的灵魂，是鬼神引导死者灵魂上天堂的火炬。

传说给极光蒙上了神秘的面纱，经过科学家的不断研究后，才终于发现了极光形成的科学原理。太阳表面的温度很高，因此太阳表面的物质在高温下都变成了带负电荷的电子与带正电荷的原子核互相分离的等离子体。由于地球也是个巨大的磁体，这些等离子体组成的太阳风到地球上空时受到磁场作用，进入两极区域，在高空的大气受到冲击产生不同的颜色，形成极光。大气、磁场、等离子体是极光产生的三个必要条件。[22]

会跳舞的铁粒

按下下图展台的不同按钮，能发现铁粒在不同的音乐下翩翩起舞。“铁粒舞蹈”背后有什么秘密呢？原来，在舞台的下方藏着电磁铁的阵列，计算机根据音乐的旋律控制电磁铁阵列的电流，产生磁力变化，使铁粒在磁场作用下翩翩起舞。

电磁铁是通电产生电磁的一种装置。电磁铁被发明后在我们生活中有了广泛的运用，比如利用电磁铁来搬运钢铁材料的电磁起重机。电磁起重机接通电流后，电磁铁能将钢铁重物吸起并吊运到其他地方，当电流切断后，钢铁重物就能被放下，给运输带来了许多便利。

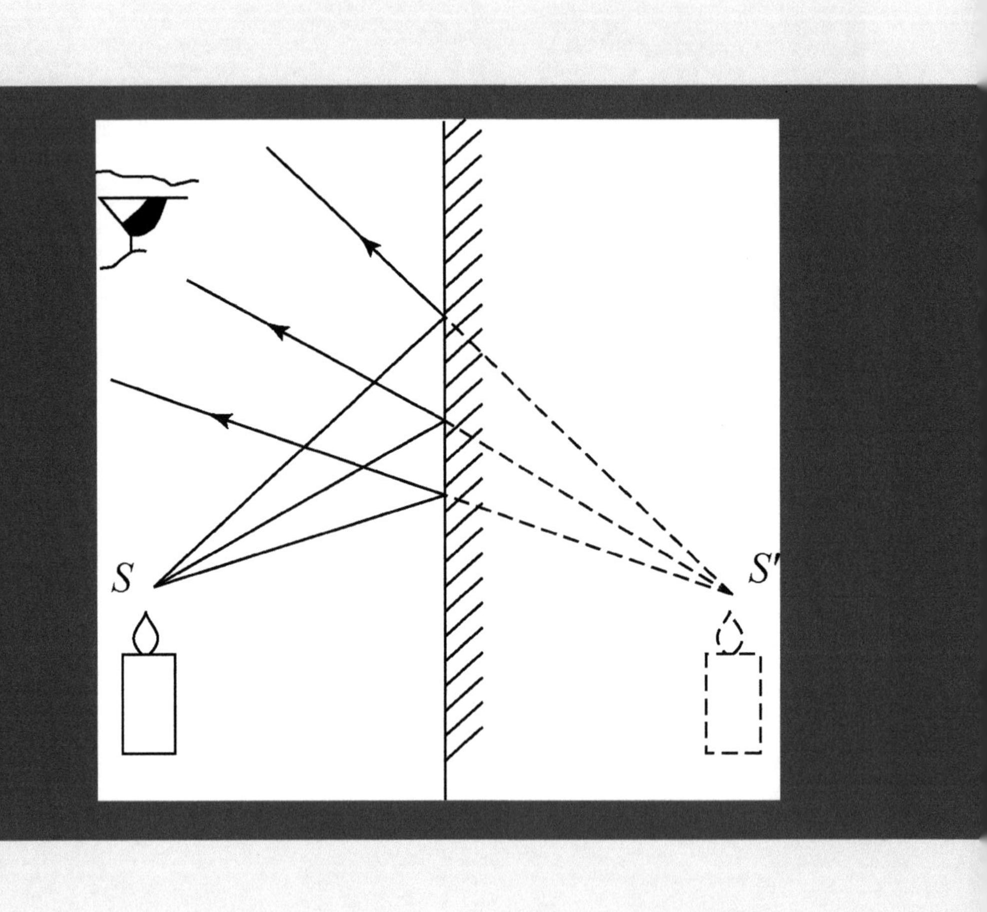
S
S'

第三章

光学实验

对人类来说，光的最大规模的反射现象，发生在月球上。我们知道，月球本身是不发光的，它只是反射太阳的光。

光　　岛

凹透镜对光线有发散作用，好像光线是从镜内侧某一点发射出来的一样。

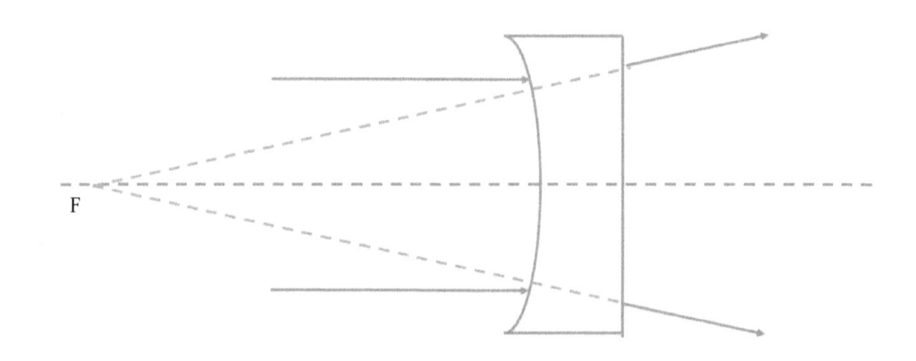

凹透镜亦称为负球透镜，镜片的中央薄，周边厚，呈凹形。凹透镜对光有发散作用。平行光线通过凹透镜发生偏折后，光线发散，成为发散光线，不可能形成实焦点，沿着散开光线的反向延长线，在投射光线的同一侧交于 F 点，形成的是一虚焦点（凹透镜有两个虚焦点）。[23] 矫正近视所用的便是凹透镜。眼睛近视主要是由于晶状体的变形，导致光线过早的集合在了视网膜的前面。凹透镜则起到了发散光线的作用，凹透镜成一个正立、缩小的虚像，使像距变长，恰好落在视网膜上了。

在欧洲，传说古希腊时候，罗马人开了大队兵船去进攻叙拉古。当时的物理学家阿基米德用一面巨大无比的凹面镜对着太阳，把光线聚于兵船上，烧掉了它，因而取得战争的胜利。当然这只是传说而已。在中国古代，凹面镜却实实在在是一种主要的取火工具。

中国远在周代时期就知道利用这种反射现象来取火。那时把这种取火用的凹面镜叫作“阳燧”。《淮南子》里面就记载：“阳燧见日，则燃而为火。”

凸透镜对光线有会聚作用，把平行光束会聚于一点。它是中央较厚，边缘较薄的透镜。凸透镜分为双凸、平凸和凹凸（或正弯月形）等形式，凸透镜有会聚光线的作用故又称会聚透镜，较厚的凸透镜则有望远、会聚等作用，这与透镜的厚度有关。

老花眼，即光线经过眼球前部的晶状体，未完全聚焦，像落在了视网膜的后面。因而凸透镜作为老花镜，先会聚一次光线，使像恰好落在视网膜上，矫正了老花眼。

照相机运用的也是凸透镜的成像原理。镜头是一个凸透镜，要照的景物是物体，胶片是屏幕。照射在物体上的光经过漫反射通过凸透镜将物体的像成在最后的胶片上，胶片上涂有一层对光敏感的物质，它在曝光后发生化学变化，物体的像就被记录在胶片上。

平面镜、凸面镜和凹透镜所成的三种虚像，都是正立的；而凹面镜和凸透镜所成的实像，以及小孔成像中成的实像，无一例外都是倒立的。当然，凹面镜和凸透镜也可以成虚像，而它们所成的虚像，同样是正立的状态。

那么人类的眼睛所成的像，是实像还是虚像呢？我们知道，人眼的结构相当于一个凸透镜，那么外界物体在视网膜上所成的像，一定是实像。

三棱镜对白光有色散作用，由于棱镜玻璃对白光中不同频率的色光折射率不同，所以白光通过棱镜后，形成一条彩色的光带。

我们生活在色彩缤纷的物质世界里，各种物体在我们眼前都呈现不同的颜色。其中令人赏心悦目的有雨过天晴，天空中常常出现的七色彩虹。

为什么光会有不同的颜色呢？早在 13 世纪，人们就开始注意到了

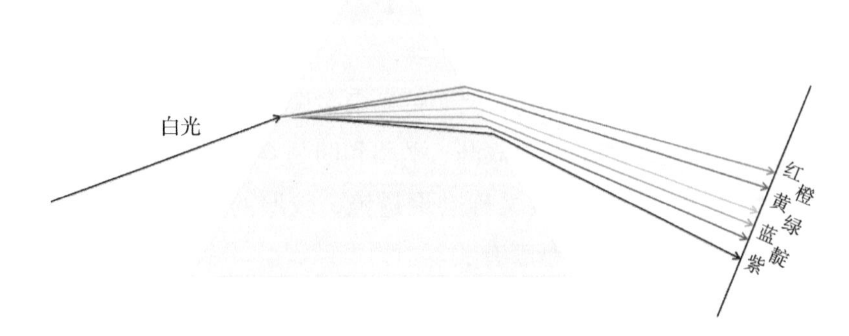

光的色彩，一位名叫西奥多里克的德国传教士模仿彩虹的形成进行了实验。但他在解释彩虹成因时并没有摆脱亚里士多德的思想，即认为颜色不是物质的客观属性，而是人们主观视觉印象，一切颜色都是由亮与暗、白与黑按比例混合而成的。而光的四种颜色：红、黄、绿、蓝处于白与黑之间，红色接近白色，比较明亮，蓝色接近黑色，比较昏暗。当阳光进入媒质（如水），从不同深度区域折射回来的光的颜色不同，从表面区域折射回来的光是红色或黄色，从深部区域折射回来的是绿色或蓝色。雨后天空中充满水珠，阳光进入水珠再折射回来，才使人们看到了七色的彩虹。这就是最初对彩虹的认识。

人们对太阳光的颜色及彩虹的成因争论不休，直到1666年牛顿做出了著名的色散实验，即被《物理学世界》评为“最美”的十大物理实验之一的三棱镜分解太阳光实验，才揭开谜底。1666年，牛顿在家休假期间，找来了一块三棱镜，用来进行分解太阳光的色散实验，他布置了一个房间作为暗室，只在窗板上开一个圈形小孔，让太阳光射入，在小孔前面放一块三棱镜，立刻在对面墙上看到了鲜艳的像彩虹一样的七色条带，这七种颜色由近及远依次排列为红、橙、黄、绿、蓝、靛、紫，难道白色的阳光是由这七种颜色的光组成的吗？牛顿做事非常认真，他不但善于从观察到的实验现象中提出问题，还善于用实验事实证明。牛顿假设白光通过三棱镜后变成七种颜色的光是由于白光与三棱镜的相互作用，那么各种颜色的光经过第二块三棱镜时必然会再次改变颜色，于是他又拿来一块三棱镜放在第一块三棱镜后面，并在两块三棱镜之间放一带小孔的屏，转动第一块三棱镜使各种颜色的光单独穿过这个小孔，通过小孔出来的就是单一颜色的光，再让其通过第二块三棱镜，实验发现，经过第二块三棱镜光的颜色并没发生变化，显然上述关于光与三棱镜相互作用而变色的说法不成立。接着，牛顿开始想，如果白光是七种色光组成的，一块三棱镜能把白光分解，那么再用一块三棱镜也可能使这些彩色的光复原为白光。实验成功了，七色光带又变成了白光，白光一定是这七种颜色的光组成的，而三棱镜能分解太阳光是由于各色光相对三棱镜有不同的折射率，牛顿为了证明这一事实又测定了七种色光在三棱镜中的折射率。牛顿通过大量实验事实精确地解释了三棱镜分解太阳光的色散现象。

我们可以做这样一个实验：用白纸做一个圆盘，依一定比例分成七个扇形，依次涂上红、橙、黄、绿、蓝、靛、紫这七种颜色。然后，将这个七色圆盘飞快旋转，可以看到圆盘上的颜色逐渐混合，最后成为一片白色。这样的七色圆盘在光学中称为牛顿色盘。光的不同颜色究竟意味着什么呢？光的电磁波理论告诉我们，不同颜色的光实际上是不同波长的电磁波。[24]

偏振光迷宫

虚拟的“墙”是怎样形成的？偏振片中存在着某种特征性的方向，叫作偏振化方向，偏振片只允许平行于偏振化方向振动的光通过，同时过滤掉垂直于该方向振动的光。自然光经过偏振片后，会变成具有一定振动方向的光。当光照射到两段偏振方向互相垂直的偏振片交会区时，光线无法通过，看起来就像形成了一堵虚拟的“墙”。

人类建造迷宫已经有 5000 多年的历史了，人们认为迷宫是这样的一种地方：许多弯弯曲曲的通道，用一堵堵墙隔开，人们必须要想尽办法从入口走到出口去。自然光经过偏振片后，变为具有一定振动方向的光。当光照射到两段互相垂直的偏振片时，由于无法穿过该区域，所以形成一个暗区，看起来就像是形成了一堵虚拟的墙。所以也就有了我们面前这件真假墙相结合的偏振光迷宫。

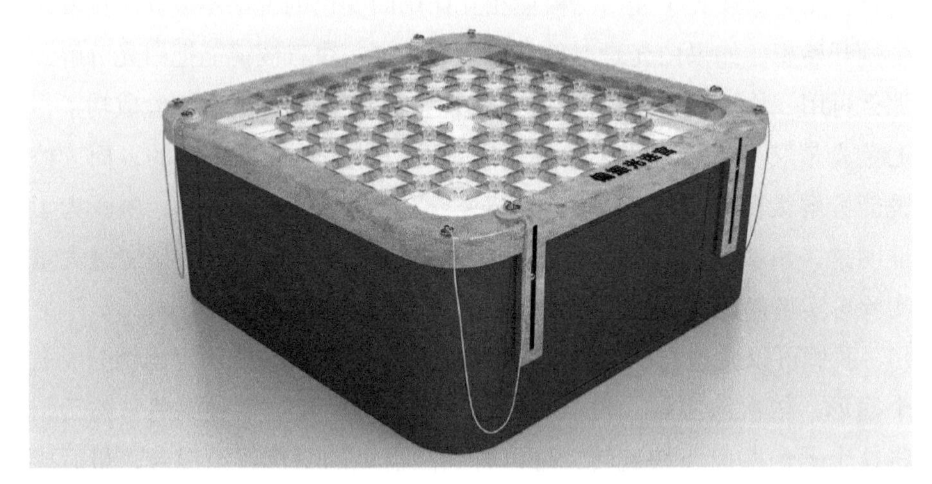

更多偏振光迷宫实验内容，
请扫右侧二维码观看

偏振片的应用现在已经越来越广泛，比如汽车前窗玻璃上的那块棕灰色的玻璃也是偏振片，这样可以使太阳光不会直射到司机的眼睛上；我们还利用偏振片制作 3D 眼镜，让看到的图像能够更加的立体；照相机的镜头为了减少反光也会贴一张偏振片膜。

色彩是怎么来的？

光是色彩的本源，有光的存在，才有了千变万化的色彩。光色是最常见的自然现象，同一物体在不同光线下会有不同的色彩。三原色可以混合为任意颜色（严格地说，应该是任意人类可以感知的颜色）的根本原因在于人眼只有三种感光细胞，分别对应于三种颜色，三原色混合之后，其波长没有变化（也就是混合之后，如果在频谱上看，只是简单叠加），但在人类大脑体验时则为不同于三原色的新的色彩，而此色彩特性取决于三种感光细胞的刺激强度分配。该色彩感知可以与三原色之外的某一另外色彩完全一致——若想做到这一点，只需此“另外色彩”对于三种感光细胞的刺激程度的比例恰好等于三原色强度之间的比例即可。

那对于本来就是其他颜色波长的光，不是由三原色混合而成的，人眼又是如何识别的？这可以由人体感光细胞的带宽不为零解释——任何感应器的带宽都做不到为零，可以用高斯型来理解（很不严格的高斯型）；而对于人类视觉，这种宽带特征恰好可以用于感知三原色之外的波长，而三种感光细胞对于某一特定波长的敏感度是不同的，大脑通过敏感度差异对颜色进行处理。这就是我在上面提到的：“只需此‘另外色彩’对于三种感光细胞的刺激程度的比例恰好等于三原色

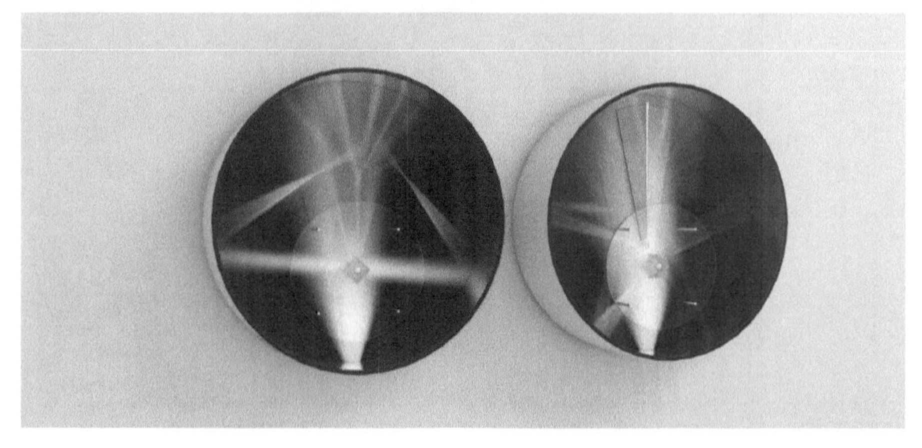

更多色彩实验内容，
请扫右侧二维码观看

强度之间的比例即可”，这里的“另外色彩”就是指非三原色混合成的其他颜色的光。

窥视无穷

站在以下这个展品面前，我们仿佛能看见无数排列整齐的模型。这件展品的背后藏着怎样的科学奥秘？仔细观察这件展品，我们可以发现它由两只小狗模型和两个平行放置的平面镜组成。靠近我们的是一块镀膜玻璃板，距离我们较远的则是一块全反光镜。镀膜玻璃板具有半反光和半透光性，可多次反射成像，所以光线会在这两面镜子间多次反射，形成了一连串的镜像。由于镜面的反射光总是弱于入射光，所以这种反射的次数越多，像就越暗、越模糊。而且，每反射一次，像与镜的距离就扩大一倍，于是形成的像就组成了一条像的长廊，而我们也将这种能看到多个影像的现象叫作窥视无穷。

更多“窥视无穷”实验内容，
请扫右侧二维码观看

在桥面下平行安放了两面平面镜：里面的一面为全反射镜，外面的一面为半透半反射镜，箱体中间的发光体在接通电源后所产生的图像，会在两平面镜之间来回反射。每次反射后都会产生一个距离加倍的新像以至于无穷，实际上是一个无穷反射的过程。

看得见摸不着

通过小窗口向里观察，并试着用手触摸你所看到的物体。这时你会发现：你看见东西的那个地方其实并没有任何物体。

更多“看得见摸不着”实验内容，
请扫右侧二维码观看

展品演示的是一种光学折射游戏，主要展示凹面镜原理，观众通过观察孔看到的是通过抛物面折射装置投影到焦点的虚像。原来这里放

置了一面凹球面镜。凹球面镜成的像与物体呈球心对称。人所看到的并非实际物体，而是其在凹球面镜上成的像，所以看得见却摸不着。

看到的木棉花，其实是一朵木棉花模型的影像，模型实物隐藏在展品的壳体里面，它是通过一个大凹面镜成像在窗口外的。我们知道，一个物体放置在凹面镜的二倍焦距附近，它的影像也在凹面镜的二倍焦距附近，这是凹面镜独有的光学特性，凹面镜不但在焦距之外能成明亮看得见的物体影像，而且在焦距处有很好的聚焦作用，因此它广泛地应用在探照灯、太阳灶及遥感天线和光学仪器中。

光的折射定律：我们看水中鱼的位置，比实际上鱼所在的位置要高一些；将一根筷子的一部分放在水里，看起来这根筷子就像在水面处被折弯了一样。这些都是光的折射现象，而对这一现象的研究正是光学的起源。事实上，折射定律的确立也不是一帆风顺的。折射现象发现得很早，折射定律却几经沧桑，经过漫长的岁月才得以确立。在古希腊时代，天文学家托勒密曾专门做过光的折射实验，他写有《光学》5卷，可惜原著早已失传。从残留下来的资料可知，书中记有折射实验和他得到的结果：折射角与入射角成正比。大约过了1000年，阿勒·哈增发现托勒密的结论与事实不符，他认识到入射线、反射线和反光镜的法线总是在同一平面，入射线与反射线各处于法线的一侧。往后多位科学家都进行了诸多实验，推进了研究的发展。折射定律的正确表述是荷兰的斯涅耳在1621年从实验得到的。实验方法跟开普勒基本相同。他提出：“在不同的介质里入射角和折射角的余割之比总保持相等的值。”

折射光线与入射光线和法线在同一平面内，折射角和入射角的正弦之比与入射角的大小无关，仅由两介质的性质决定，当温度、压力和光线的波长一定时，其比值为一常数，等于前一介质与后一介质的折射率之比。

光的折射定律由荷兰数学家、光学家斯涅耳记录在他的手稿中，惠更斯等整理他的遗物时发现并公开，所以又叫斯涅耳定律。笛卡儿将其表述为今天的形式，论述于《屈光学》中。[25] 折射定律的确立是光学发展史中的一件大事。它的研究由于天文学的迫切要求而受到推动，因为天文观测总是会受大气折射的影响。后来又加上光学仪器制造的需要，所以到了17世纪，许多物理学家都致力于研究折射现象。折射定律一经建立，几何光学理论得到快速发展。[26]

哈　哈　镜

哈哈镜是一种游乐场及商场常见的娱乐设施，即表面凸凹不平的镜面，反映人像及物件的扭曲面貌，令人发笑，故名叫哈哈镜。

哈哈镜的原理是曲面镜引起的不规则光线反射与聚焦，形成散乱的影像。镜面扭曲的情况不同，成像的效果也会相异。 常见的变换效果有高矮胖瘦四种，镜面材质有金属、玻璃等。

哈哈镜是由其特殊的镜面成像造成的。哈哈镜的镜面不是平的，有的部分是凸镜，有的部分是凹镜。

哈哈镜凹镜

当你对着一个上部是凹镜的哈哈镜时，你的头就会被放大，而且因为鼻子在脸部突出，离镜面更近，所以鼻子的像放大的倍数比脸上其他任何部分都大，结果就照出大鼻子。

哈哈镜凸镜

当你对着一个上部是凸镜的哈哈镜，因为镜子在竖直方向上并没有弯曲，所以在竖直方向上像与物长度相同，但在水平方向上由于是凸镜，像是缩小的，因此，脸在镜中的像就变成细长的了。

如果把镜面做成上凸下凹的，照出来的人就是头小身体大的了。镜面做成上凹下凸的，照出来的人就是头大身体小的。要是将镜面做成各部分凹凸不平的，照出的像就是歪七扭八的“丑八怪”了。

迷镜：手在动却没动

双手分别抓住下图镜子两侧的圆环，使两个圆环到镜子的距离相等。从左边透过“窗户”（镜子）看向你的右手。现在轻微摇晃你的右手。看看发生了什么？

玩这个游戏，会有变魔术的感觉。当你轻微摇晃右手时，会发现右手看上去似乎没有动，由此可以体验到“手在动却没动”的魔术感。

更多迷镜实验内容，
请扫右侧二维码观看

菲涅尔透镜

菲涅尔透镜相当于一个特殊的凸透镜，能够起放大作用。其表面由锯齿状的同心圆组成，从剖面看是由一系列锯齿型凹槽组成，每个凹槽与相邻凹槽之间的角度不同，但都将光线集中于一处，形成中心焦点，也就是透镜的焦点。每个凹槽都可以看成一个独立的小透镜，把光线调整成平行光或会聚光。这种透镜还能消除部分球形像差。

菲涅尔透镜在很多时候相当于红外线及可见光的凸透镜，效果较

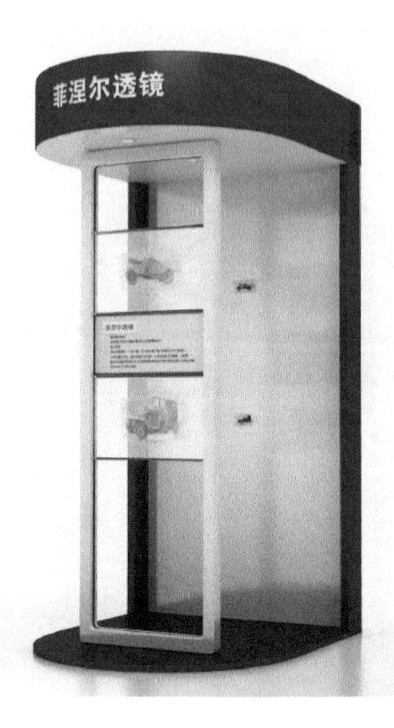

更多菲涅尔透镜实验内容，
请扫右侧二维码观看

好，但成本比普通的凸透镜低很多。多用于对精度要求不是很高的场合，如幻灯机、薄膜放大镜、红外探测器等。

菲涅尔透镜利用透镜的特殊光学原理，在探测器前方产生一个交替变化的“盲区”和“高灵敏区”，以提高它的探测接收灵敏度。当有人从透镜前走过时，人体发出的红外线就不断地交替从“盲区”进入“高灵敏区”，这样就使接收到的红外信号以忽强忽弱的脉冲形式输入，从而增强其能量幅度。

菲涅尔透镜有两个作用：一是聚焦作用，即将热释红外信号折射（反射）在被动红外（PIR）探测器上；第二个作用是将探测区域内分为若干个明区和暗区，使进入探测区域的移动物体能以温度变化的形式在PIR探测器上产生变化的热释红外信号。

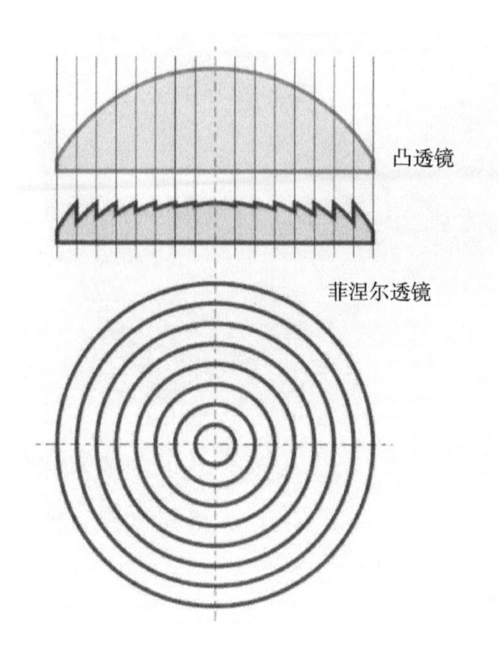

莫尔条纹

莫尔条纹是一种光学干涉现象。当间距和粗细接近的线条叠加时，会出现有规律的视觉分块，通过巧妙设计，可让静止的视觉分块叠加形成动画效果。玩一玩：将两幅图片叠加在一起，并移动、旋转，观察图案发生了什么变化？美丽的条纹图案是怎样形成的？

莫尔条纹是18世纪法国研究人员莫尔先生首先发现的一种光学现象。从技术角度来讲，莫尔条纹是两条线或两个物体之间以恒定的角度和频率发生干涉的视觉结果。当人眼无法分辨这两条线或两个物体时，只能看到干涉的花纹，这种光学现象中的花纹就是莫尔条纹。

更多莫尔条纹实验内容，
请扫右侧二维码观看

1874 年，英国物理学家瑞利首先揭示出了莫尔条纹图案的科学和工程价值，指出了借观察莫尔条纹的移动来测量光栅相对位移的可能

性，为在物理光栅的基础上发展出计量光栅的分支奠定了理论基础。

莫尔条纹是光栅位移精密测量的基础，在实际应用中由两个空间频率相近的周期性光栅图形叠加而形成的光学条纹就是莫尔条纹，可以由遮光效应、衍射效应和干涉效应等多种原理产生。莫尔条纹的科学含义是指两个周期性结构图案重叠时所产生的差频或拍频图案，例如两个周期相同的光栅以一个小角度相互倾斜重叠后所产生的莫尔条纹。

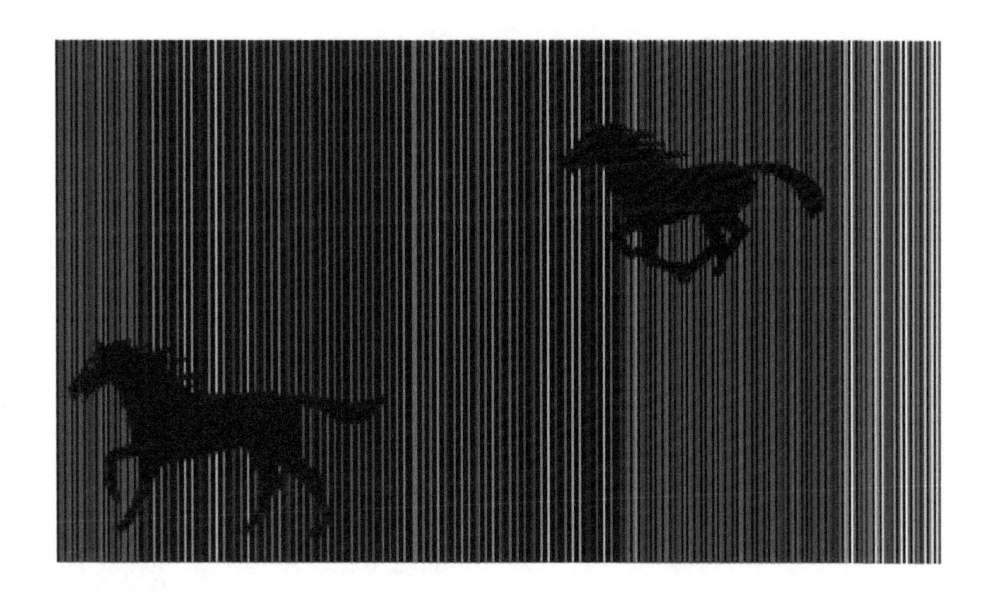

莫尔条纹应用最广泛的领域是光栅位移测量，根据莫尔条纹原理可以实现直线位移和角位移的静态、动态测量，基于莫尔条纹数量与位移的关系实现精密位移测量，能够满足接触、非接触、小量程、大量程、一维、多维等各种需求的测量与控制反馈，广泛应用在程控、数控机床和三坐标测量机、精密测量与定位、超精密加工、微电子IC 制造、地震预测、质量检测、纳米材料、机器人、微机电系统、振动检测等众多领域。

万 花 筒

万花筒，一种光学玩具，将有鲜艳颜色的实物放于圆筒的一端，圆筒中间放置三棱镜，另一端用开孔的玻璃密封，由孔中看去即可观测到对称的美丽图像。

更多万花筒实验内容，
请扫右侧二维码观看

万花筒看起来很奇妙，实际上很简单，它通常是利用组成等边三角形的镜面互相反射折射堆积在一角的碎彩色玻璃而形成规则的美丽图案，转动万花筒的筒身，碎彩色玻璃的移动随机变化出千奇百怪的美丽花朵般的图案。万花筒的原理是光的反射，而镜子就是利用光的反射来成像的，这种成像原理我国古代的人就已掌握。《庄子》里就有“鉴止于水”的说法，即用静止的水当镜子。据说真正的万花筒玩具是英国物理学家大卫·布儒斯特于 1816 年发明的，而我国民间也很早就有了这种玩具，而且有创新，生产出了许多新型的万花筒。

基因剧场

第四章

生命科学实验

生命的起源是人类一直在探索的问题。生物在地球上有着40亿年左右的发展进化历史，不断进化着的生物构成了我们这个多姿多彩的世界。生物学家们通过解析生物的演化历史，从中总结出进化的规律，揭开生命背后的奥妙。了解基本的生物学知识有利于人类更好地认识自身、认识生命，对生命保持敬畏之心。

解读基因

“龙生龙，凤生凤”与“一娘生九子，九子不相同”的奥秘在于基因，曾称遗传因子。构成一个简单生命最少要265～350个基因，基因支撑着生命的基本构造和性能，是决定一个生物物种所有生命现象最基本的因子。可以说，哪里有生命，哪里就有基因。[27]

转基因技术是指经过人工分离、重组后，得到人们期望的目标基因，并将其导入、整合到生物体的基因组中，进而改善生物原有的性状或赋予其新的优良性状。通过转基因技术可以改变生物体的特征，比如我们并不陌生的转基因食品。

基因及其作用规律

遗传因子就是我们现在所称的基因，它存在于哪里呢？20世纪初摩尔根从果蝇身上得到了答案——基因在染色体上！随着技术的发展，人类基因组计划开展起来，人类遗传信息得以破解。

“种瓜得瓜，种豆得豆”是人们熟知的遗传现象，但你知道种下黄皮豌豆可能收获绿皮豌豆吗？孟德尔早在1865年就揭示了这一现象的秘密，并提出了遗传因子及其作用规律。

孟德尔出生于奥地利的一个贫困家庭，由于生活的艰辛，21岁就进入布尔诺修道院当了一名修士。他利用空闲的时间，在修道院小菜园里种了一些植物。1856年，孟德尔踏上了探索遗传与变异规律的征程，做起了豌豆杂交实验。

豌豆是自花授粉，而且是闭花授粉的植物，避免了天然杂交的可能性，是非常理想的实验材料。孟德尔选择了 7 对不同品种的豌豆种子，包括种子圆粒与皱粒、叶黄色与绿色、花红色与白色、成熟荚形分节与不分节、豆荚黄色与绿色、花位置顶生与腋生、蔓茎高与矮。对这些不同品种的豌豆进行人工杂交，最终在 7 对豌豆的 2.8 万多棵子孙后代植株中，找到了遗传和变异的秘密，并提出了分离定律和自由组合定律。

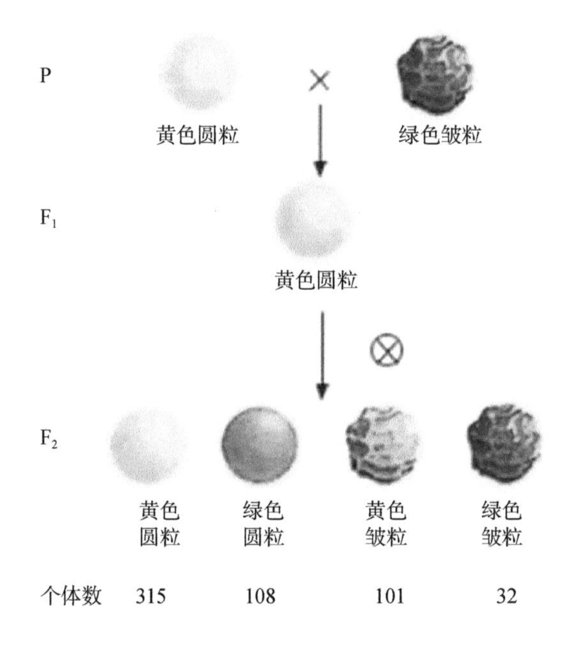

注：亲本以 P 表示；“子一代”以 F_1 表示；“子二代”以 F_2 表示

孟德尔将杂交后子一代显现出来的性状称为显性性状，而那些子一代没有出现，在子二代才出现的性状称为隐性性状。隐性性状虽然没有在子一代杂交体中体现出来，但并不意味着它消失了，在子二代中有可能会重新出现。这就是为什么近亲不能结婚的原因。有些遗传疾病是由隐性遗传因子控制的，近亲有着共同的祖先，有可能继承到相同的致病基因，后代出现病症的概率更大。

蛋白质生产线

在我们人体内，蛋白质无处不在，肌肉、内脏、神经，就连我们的指甲和头发都含有蛋白质。人体中存在着二万多种蛋白质分子，它们是我们身体机能的执行者。一旦部分发生异常，我们就有可能生病。因此，维持蛋白质正常运转对人体健康具有重要意义。我们每天都要摄入适量的蛋白质，维持蛋白质的正常合成与降解、功能行使。

蛋白质的生产是重要的生物合成过程，其生产就像工厂的流水线，有一定的模板及特定的流程。氨基酸是生产蛋白质的基本材料，20 种基本氨基酸可以产生功能、性质各不相同的多种蛋白质。除了氨基酸，蛋白质的生产还需要信使核糖核酸（mRNA）模板和转运核糖核酸（tRNA）。核糖体是合成蛋白质的场所，可以视为使氨基酸互相缩合成多肽的组装机。[28]

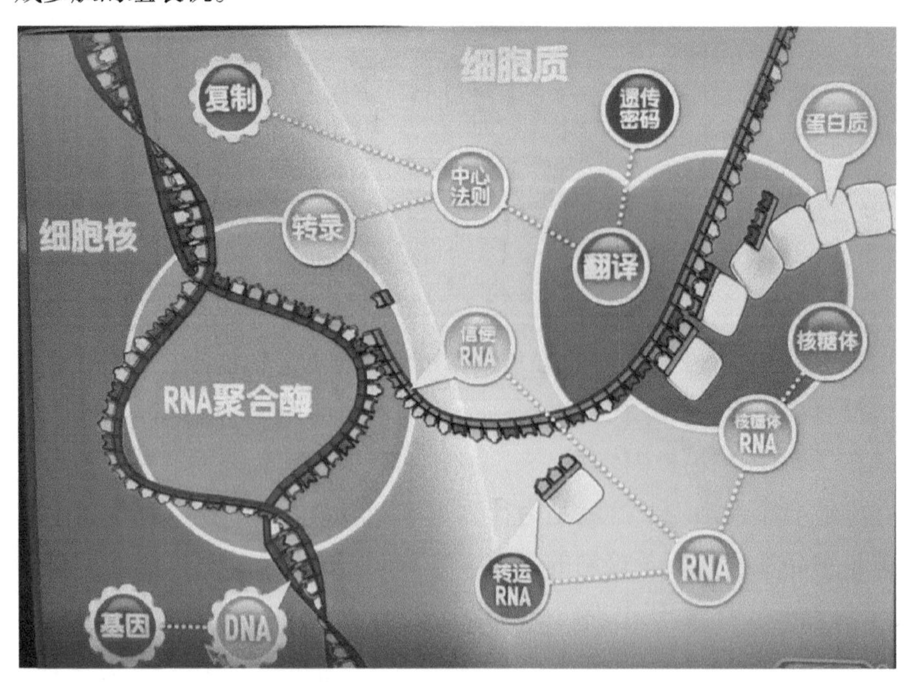

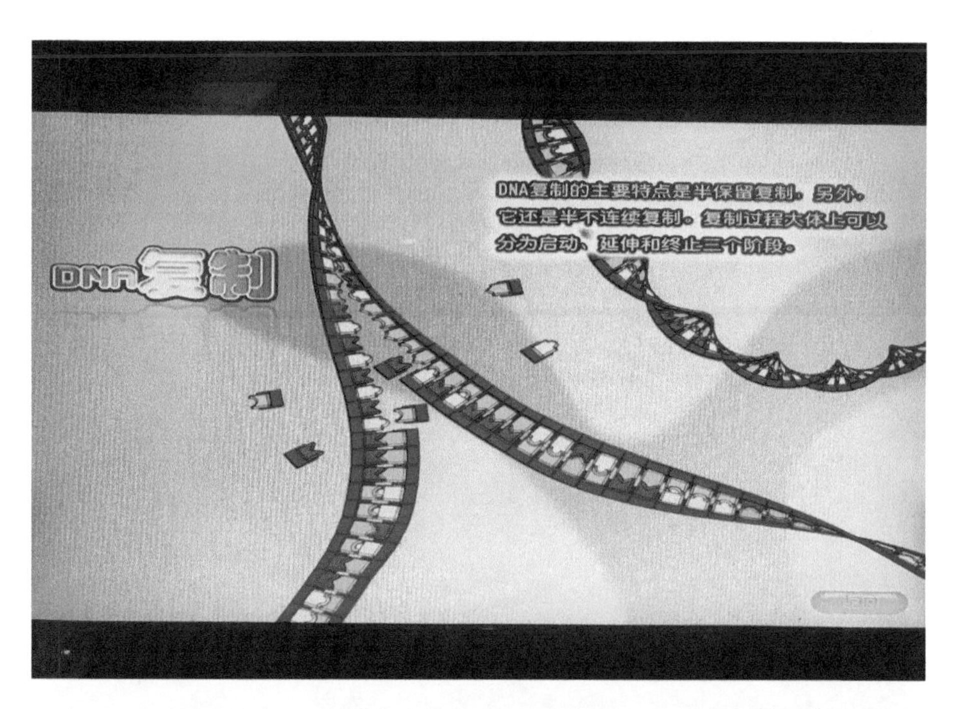
DNA复制的主要特点是半保留复制，另外，
它还是半不连续复制。复制过程大体上可以
分为启动、延伸和终止三个阶段。
DNA复制

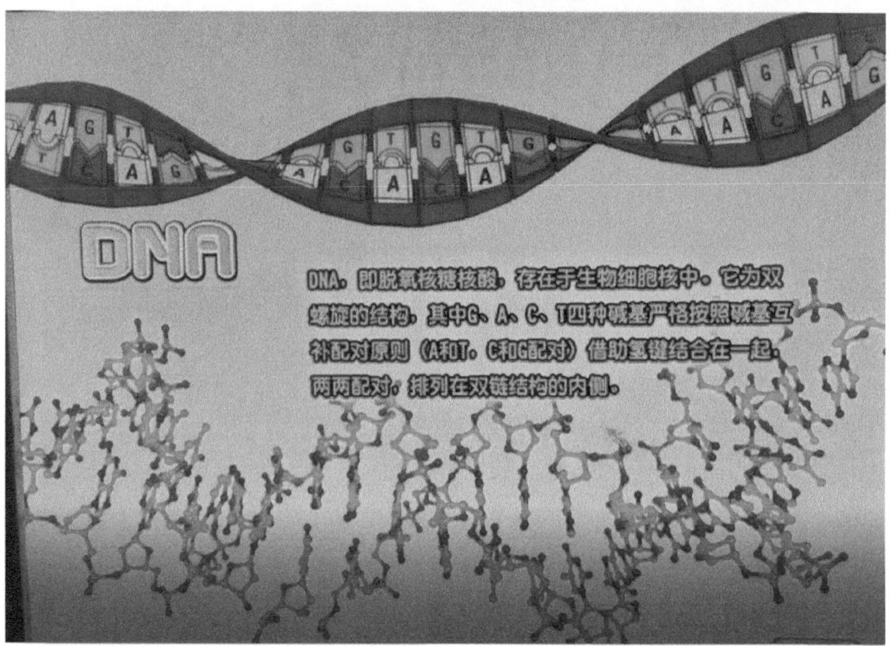
DNA
DNA，即脱氧核糖核酸，存在于生物细胞核中。它为双
螺旋的结构，其中G、A、C、T四种碱基严格按照碱基互
补配对原则（A和T，C和G配对）借助氢键结合在一起，
两两配对，排列在双链结构的内侧。

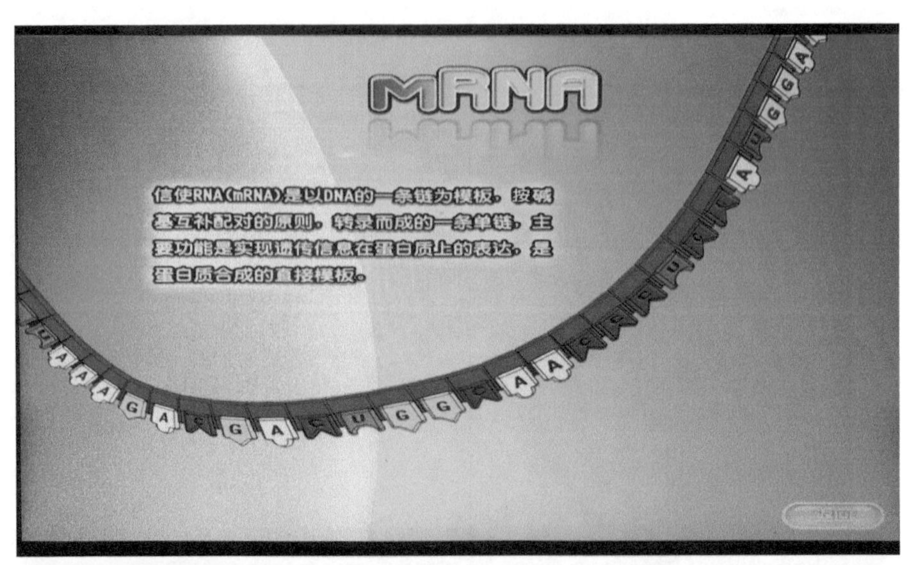
mRNA
信使RNA(mRNA)是以DNA的一条链为模板，按碱
基互补配对的原则，转录而成的一条单链，主
要功能是实现遗传信息在蛋白质上的表达，是
蛋白质合成的直接模板。

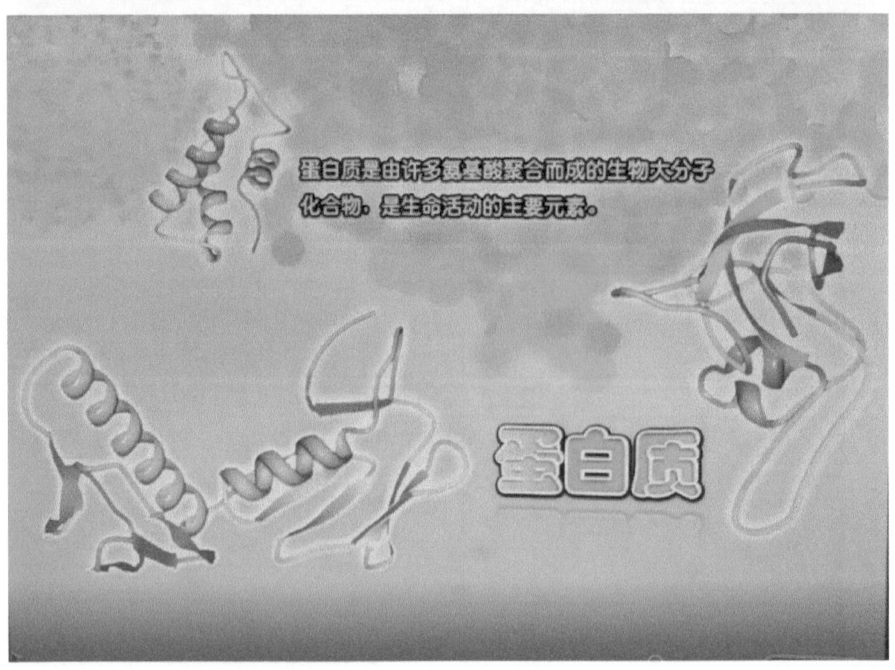
蛋白质是由许多氨基酸聚合而成的生物大分子
化合物，是生命活动的主要元素。
蛋白质

适者生存

长颈鹿的脖子为什么那么长？其实一开始并不是所有长颈鹿的脖子都这么长。但是因为地球上的树木越长越高，为了吃到树上的叶子长颈鹿只能努力伸长脖子，脖子短的长颈鹿吃不到树叶就渐渐饿死了。随着时间的推移，脖子长这一特征就在长颈鹿当中遗传了下来。

长颈鹿的长脖子便是“适者生存”的体现。适者生存的进化论是英国杰出的生物学家达尔文提出的。达尔文在一次环球旅行中观察到了许多有趣的现象。比如，南美洲的犰狳跟一种古代动物化石很像，在密切相近的物种中存在一个物种被另一个物种所代替的情况，相隔较远的两个地区存在相同特征的物种类型，等等。这些现象引发了达尔文的许多思考。1859 年，记载了他思考结果的《物种起源》问世，在书中，他运用了丰富的地质、化石材料佐证其生物进化的观点。[29]

《物种起源》包含了两大主题。第一个主题是“带有改变的传承”，拥有共同祖先的物种起初会很相似，但是在时间的流逝中，这些物种会逐渐出现差异。第二个主题是关于进化改变的原因。那些对生存有利的变异发生后，比如说长颈鹿的脖子变长，那么变异的个体也就是长脖子的长颈鹿更容易存活，具有这种特征的个体会繁衍出具有同样特征的后代，这就是适者生存，也可以称之为自然选择。[30]

进化时钟

科学家们根据陨石和月球岩石放射性定年，测量出太阳系大约形成于 46 亿年前。地球上已知最早的岩石大约形成于 40 亿 6000 万年前。

如果把地球 46 亿年的历史浓缩为一年，生命是在几月出现的呢?

如果把地球的历史压缩成一年，1 月 1 日的午夜代表地球的生成，12 月 31 日的午夜代表现在。那么每一天将代表 1200 万地球“年”。

在这个“进化时钟”里，地球上的生命诞生于 3 月，之后几个月一直是单细胞生物的天下，直到 11 月初才进入多细胞生物时代，紧接着发生了寒武纪生命大爆发，12 月中旬恐龙才“姗姗来迟”，在统治了地球一个多星期以后灭绝了。

原始人类在这一年的最后一天出现，而人类文明的曙光在最后一分钟才闪现出来，现代所取得的科学成就则出现在新年钟声敲响前的最后一瞬间。

参 考 文 献

[1] 青峰 . 简明物理学史 [M]. 南京 : 南京大学出版社 , 2007: 41.

[2] 郭奕玲 , 沈慧君 . 物理学史 [M].2 版 . 北京 : 清华大学出版社 , 2005: 87.

[3] 郭奕玲 , 沙振舜 , 沈慧君 . 物理实验史话 [M]. 北京 : 科学出版社 , 1988: 109.

[4] 朱恒足 . 物理五千年 [M]. 台北 : 晓园出版社 , 1990: 177.

[5] 王爱霞 , 张秀阁 . 电机学 [M]. 北京 : 中国电力出版社 , 2005.

[6] 解士杰 . 物之理 : 物理卷 [M]. 济南 : 山东科学技术出版社 , 2007: 161.

[7] 麦克斯韦 . 电磁通论 [M]. 戈革 , 译 . 北京 : 北京大学出版社 , 2010.

[8] 解士杰 . 物之理 : 物理卷 [M]. 济南 : 山东科学技术出版社 , 2007: 160-163.

[9] 解士杰 . 物之理 : 物理卷 [M]. 济南 : 山东科学技术出版社 , 2007: 170-171.

[10] 武震声 . 磁悬浮技术综述 [J]. 微特电机 , 1984（3）: 1-4.

[11] 解士杰 . 物之理 : 物理卷 [M]. 济南 : 山东科学技术出版社 , 2007: 172.

[12] 解士杰 . 物之理 : 物理卷 [M]. 济南 : 山东科学技术出版社 , 2007: 146-147.

[13] 解士杰 . 物之理 : 物理卷 [M]. 济南 : 山东科学技术出版社 , 2007: 146-147.

[14] 宋德生 , 李国栋 . 电磁学发展史 [M]. 南宁 : 广西人民出版社 , 1996: 46.

[15] 陈海深 . 辉光球的发光原理 [J]. 物理教师 , 2015, 36（10）: 72-74.

[16] Serway R A, Jewett J W. Physics for Scientists and Engineers with Modern Physics[M]. 9th ed. Boston: Cengage Learning, 2014.

[17] 刘树勇 , 白欣 , 周文臣 , 等 . 大众物理学史 [M]. 济南 : 山东科学技术出版社 , 2015: 62-66.

[18] 佚名 . 人体为什么能导电？ [J]. 学苑创造 : B 版 , 2008（Z2）: 86.

[19] 解士杰 . 物之理 : 物理卷 [M]. 济南 : 山东科学技术出版社 , 2007: 145-146.

[20] 季启政 , 苏新光 , 高志良 , 等 . 静电防护标准化 [M]. 北京 : 中国标准出版社 , 2018: 22.

[21] 王洪泽 , 杨丹 . 论法拉第笼的防雷作用及其局限性 [J]. 广西电力 , 2006, 29（2）: 66-68.

[22] 解士杰 . 物之理 : 物理卷 [M]. 济南 : 山东科学技术出版社 , 2007: 164.

[23] 苏延俊 , 韩占付 . 一种处理透镜成像的好方法 [J]. 物理教学探讨 : 中教版 , 2004, 22（3）: 26-26.

[24] 雷仕湛 , 应兴国 . 光的世界 [M]. 北京 : 科学普及出版社 , 1980: 22-23.

[25] 李晓彤 , 岑兆丰 . 几何光学 • 像差 • 光学设计 [M].3 版 . 杭州 : 浙江大学出版社 ,

2014: 4-5.

[26] 郭奕玲 , 沈慧君 . 物理学史 [M].2 版 . 北京 : 清华大学出版社 , 2005: 107-131.

[27] 许沈华 . 认识基因 探究生命奥秘 [M].2 版 . 北京 : 人民卫生出版社 , 2009: 2-4.

[28] 雷鸣 . 解码生命的利器 : 国家蛋白质科学研究（上海）设施 [M]. 杭州 : 浙江教育出版社 , 2017: 3-14.

[29] 钟安环 . 简明生物学史话 [M]. 北京 : 知识产权出版社 , 2014: 92-97.

[30] 弗图摩 . 生物进化 [M].3 版 . 葛颂 , 等 , 译 . 北京 : 高等教育出版社 , 2016: 6-8.